Carlos Antonio López Sánchez
María Belén Prendes Gero

Proyección estereográfica meridiana o transversa

Carlos Antonio López Sánchez
María Belén Prendes Gero

Proyección estereográfica meridiana o transversa

Aplicaciones en geología estructural

Editorial Académica Española

Impresión
Información bibliográfica publicada por Deutsche Nationalbibliothek: La Deutsche Nationalbibliothek enumera esa publicación en Deutsche Nationalbibliografie; datos bibliográficos detallados están disponibles en internet en http://dnb.d-nb.de.
Los demás nombres de marcas y nombres de productos mencionados en este libro están sujetos a la marca registrada o la protección de patentes y son marcas comerciales o marcas comerciales registradas de sus respectivos propietarios. El uso de nombres de marcas, nombre de producto, nombres comunes, nombre comerciales, descripciones de productos, etc. incluso sin una marca particular en estas publicaciones, de ninguna manera debe interpretarse en el sentido de que estos nombres pueden ser considerados ilimitados en materias de marcas y legislación de protección de marcas y, por lo tanto, ser utilizadas por cualquier persona.

Imagen de portada: www.ingimage.com

Editor: Editorial Académica Española es una marca de
LAP LAMBERT Academic Publishing GmbH & Co. KG
Heinrich-Böcking-Str. 6-8, 66121 Saarbrücken, Alemania
Teléfono +49 681 3720-310, Fax +49 681 3720-3109
Correo Electronico: info@eae-publishing.com

Publicado en Alemania
Schaltungsdienst Lange o.H.G., Berlin, Books on Demand GmbH, Norderstedt, Reha GmbH, Saarbrücken, Amazon Distribution GmbH, Leipzig
ISBN: 978-3-659-01698-1

Imprint (only for USA, GB)
Bibliographic information published by the Deutsche Nationalbibliothek: The Deutsche Nationalbibliothek lists this publication in the Deutsche Nationalbibliografie; detailed bibliographic data are available in the Internet at http://dnb.d-nb.de.
Any brand names and product names mentioned in this book are subject to trademark, brand or patent protection and are trademarks or registered trademarks of their respective holders. The use of brand names, product names, common names, trade names, product descriptions etc. even without a particular marking in this works is in no way to be construed to mean that such names may be regarded as unrestricted in respect of trademark and brand protection legislation and could thus be used by anyone.

Cover image: www.ingimage.com

Publisher: Editorial Académica Española is an imprint of the publishing house
LAP LAMBERT Academic Publishing GmbH & Co. KG
Heinrich-Böcking-Str. 6-8, 66121 Saarbrücken, Germany
Phone +49 681 3720-310, Fax +49 681 3720-3109
Email: info@eae-publishing.com

Printed in the U.S.A.
Printed in the U.K. by (see last page)
ISBN: 978-3-659-01698-1

PROYECCIÓN ESTEREOGRÁFICA
MERIDIANA O TRANSVERSA

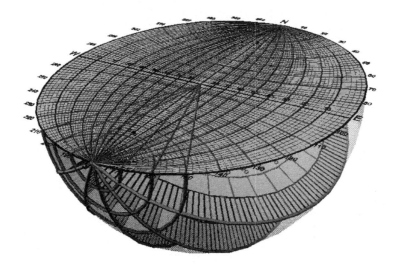

Autores:

Carlos Antonio López Sánchez - María Belén Prendes Gero

2012

ÍNDICE GENERAL

1. INTRODUCCIÓN

A lo largo de la historia, el hombre ha sentido la necesidad de representar la superficie terrestre y los objetos que sobre ella se sitúan. Para su estudio recurrió a la **geodesia**; que es la ciencia matemática que procura determinar la forma, dimensiones y campo gravitatorio de la tierra, y sus representaciones en planos o mapas. En ella, la forma teórica de la tierra recibe el nombre de **geoide**[1], pero debido a las irregularidades que ésta presenta en su superficie, suelen utilizarse modelos que describen la forma de la Tierra, denominados **esferoides o elipsoides de referencia**.

El sistema de coordenadas natural de un esferoide, y por lo tanto de un datum[2], es el sistema de coordenadas angulares (latitud y longitud) también denominadas **coordenadas geográficas**. El proceso de transformar las coordenadas geográficas del esferoide en coordenadas planas para representar una parte de la superficie del elipsoide en dos dimensiones, se conoce como **proyección** y es el campo de estudio tradicional de la **ciencia cartográfica**.

En función del objeto geométrico utilizado para proyectar, se distinguen tres tipos de proyecciones básicas: **cilíndricas**, **cónicas** y **acimutales** (Figura 1.1).

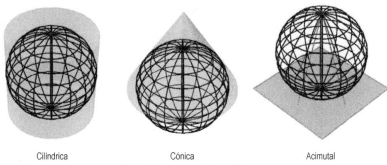

Cilindrica   Cónica   Acimutal

Figura 1.1.   Proyecciones básicas.

Una **proyección cartográfica** implica siempre una distorsión en la superficie representada; el objetivo de la cartografía consistirá en minimizar estas distorsiones utilizando la técnica de proyección más adecuada a cada caso. Las **propiedades del elipsoide de referencia** que pueden permanecer invariantes son:

---

[1] Superficie compleja que aproxima bien la forma verdadera de la tierra (nivel medio del mar global), definida en base al modelo geopotencial (gravitatorio y de rotación terrestre).

[2] Parámetro o conjunto de parámetros que sirven como referencia o base para el cálculo de otros parámetros.

- Conformidad.- Conservación de ángulos. Los sistemas que presentan esta característica conservan los ángulos (y por tanto los rumbos), es decir, las líneas en la esfera forman al cortarse el mismo ángulo que sus representaciones planas.
- Equivalencia.- Conservación de áreas. Una superficie en el plano de proyección tiene la misma superficie que en la esfera. La equivalencia no es posible sin deformar considerablemente los ángulos originales, por lo tanto, ninguna proyección puede ser equivalente y conforme a la vez.
- Equidistancia.- Conservación de distancias. La proyección mantiene las distancias reales entre dos puntos situados sobre la superficie del Globo.

Cabe destacar que no existe ninguna proyección que conserve simultáneamente los tres tipos de dimensiones (ángulos, superficies y distancias), por lo que se hace necesario buscar soluciones intermedias.

1.1. Proyecciones acimutales

La proyección acimutal es una proyección geométrica en donde el paso de la esfera al plano se realiza directamente; es decir, desde un punto (**vértice de proyección**) se proyecta la superficie terrestre sobre un plano. Dependiendo de la posición en el espacio de dicho vértice (**¡Error! No se encuentra el origen de la referencia.**), las proyecciones acimutales se denominan (Santamaría-Peña, 2000):

- Escenográfica.- El vértice de proyección es un punto cualquiera del espacio exterior a la esfera (a distancia finita).
- Estereográfica.- El vértice es un punto de la esfera, plano de proyección normal al diámetro normal que pasa por el vértice.
- Gnomónica.- El vértice coincide con el centro de la esfera.
- Ortográfica.- El vértice se encuentra en el infinito, plano de proyección normal a la dirección del vértice.

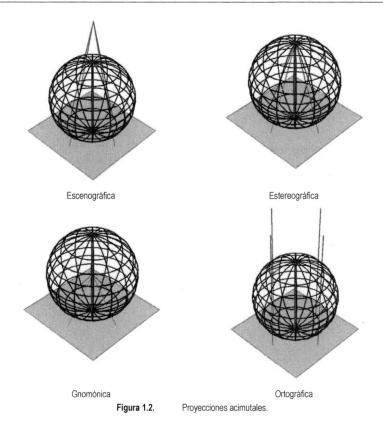

Escenográfica   Estereográfica

Gnomónica   Ortográfica
Figura 1.2.   Proyecciones acimutales.

Cada una de estas proyecciones acimutales posee una serie de propiedades que la hacen más apta para resolver diferentes problemas. Dichas ventajas e inconvenientes se resumen en las siguientes (Tomás-Jover *et al.*, 2002):

Ventajas:

- Escenográfica.- son especialmente adecuadas para representar formas aproximadamente circulares (p.e. la Antártida) mientas que su uso para representar regiones alargadas no se aconseja, debido a las fuertes distorsiones producidas. (Baselga-Moreno, 2006).

- Estereográfica.- Todos los círculos de la esfera se proyectan como círculos en el plano.

- Gnomónica.- Los círculos mayores[3] se representan siempre como líneas rectas.

---

[3] En una esfera, un "círculo mayor" (gran círculo, círculo máximo) viene dado por la intersección de un plano que pasa por el centro de la esfera y la esfera.

- Ortográfica.- Todos los círculos máximos se proyectan como elipses o líneas rectas.

Inconvenientes:

- Escenográfica.- Presenta fuertes distorsiones.
- Estereográfica.- Presenta distorsión radial.
- Gnomónica.- La distorsión radial es muy acentuada.
- Ortográfica.- Produce una gran distorsión cerca de los polos.

1.2. Aplicaciones de la proyección estereográfica

De las proyecciones acimutales presentadas con anterioridad, existe una que presenta numerosas aplicaciones prácticas, es la proyección estereográfica. Entre sus propiedades más características destacan las siguientes (Rosenfeld & Sergeeva, 1977):

- Las circunferencias sobre la esfera siempre aparecen en la proyección como circunferencias, salvo cuando el plano de la circunferencia pasa por el centro de proyección en cuyo caso se representa como una línea recta.
- Los ángulos formados por líneas sobre la esfera se representan en la proyección, por ángulos iguales a los formados por las líneas.
- Cuando una esfera se hace girar alrededor del diámetro que pasa por el centro de proyección, las representaciones planas de todas las figuras en la esfera giran en el mismo ángulo, alrededor del punto de intersección del plano con el diámetro de la esfera.

Las anteriores singularidades posibilitan que la proyección estereográfica se utilice con frecuencia en diferentes ramas de las matemáticas, como también en disciplinas como la astronomía, cristalografía, geología estructural, geomorfología, geotecnia, y paleogeografía (Fernández, 2008):

Astronomía:

- Determinación de las coordenadas de los astros de la esfera celeste.

Cristalografía:

- Proyección y rotación de elementos cristalográficos.
- Estudio de simetrías.

4

Geología estructural:

- Proyección y rotación de superficies (p.e.: estratificación, clivaje, bandeados y foliaciones, diaclasas y fallas).

- Proyección y rotación de líneas (p.e.: crestas de ripples y marcas de corriente, ejes de pliegues, lineaciones minerales y de estiramiento y estrías de falla).

- Cálculo, proyección y rotación de los elementos geométricos de un pliegue.

- Caracterización de los pliegues según su geometría y según la orientación en el espacio de su plano axial y su eje.

- Análisis de pliegues superpuestos y mecanismos de plegamiento a través del estudio de lineaciones plegadas.

- Proyección de poblaciones de fallas y diaclasas y clasificación de las mismas por su orientación y densidad de fracturación.

- Proyección de elementos geométricos de una falla.

- Cálculo del salto real de una falla.

- Cálculo de la orientación de esfuerzos mediante el análisis de poblaciones de fallas.

- Representación y cálculo de los mecanismos focales de terremotos.

- Representación de la orientación cristalográfica preferente de agregados policristalinos deformados plásticamente (fábrica cristalográfica) e interpretación de las condiciones y mecanismos de deformaciones implicados.

Geomorfología:

- Análisis y caracterización del relieve del terreno (con especial utilidad en la caracterización de la rugosidad).

Geotecnia:

- Estabilidad de taludes de rocas.

- Plano de rotura y resistencia friccional.

- Inestabilidad de cuñas.

Paleogeografía:

- Restauración de la geometría inicial de la cuenca y paleocorrientes.

2. CONCEPTOS BÁSICOS SOBRE ELEMENTOS ESTRUCTURALES

2.1. Concepto de orientación

Para trabajar con la proyección estereográfica es preciso conocer, inicialmente, una serie de términos geométricos que permitan definir de forma unívoca cada elemento. Estos términos determinan la orientación que define la disposición de un plano o línea estructural en el espacio. Sus componentes son el rumbo y la inclinación (Ragan, 1980):

- **Rumbo** (strike).- Ángulo horizontal comprendido entre una línea y una dirección de coordenadas específica (el norte magnético en geología estructural).
- **Inclinación** (dip).- Ángulo vertical entre la horizontal y un plano o línea.

2.1.1. ORIENTACIÓN DE ESTRUCTURAS PLANAS

Las estructuras planas quedan definidas por los siguientes conceptos (Ragan, 1980):

- **Dirección de capa** (strike of layer or direction of layer).- rumbo de una línea horizontal en un plano inclinado de capa (Figura 2.1).
- **Buzamiento real** (dip).- ángulo que la línea de máxima pendiente de un plano inclinado forma con la horizontal (Figura 2.1).
- **Buzamiento aparente** (dip apparent).- ángulo medido sobre un plano vertical no perpendicular a la dirección de capa (Figura 2.1).

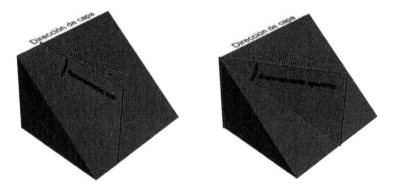

Buzamiento real   Buzamiento aparente

Figura 2.1. Conceptos de buzamiento en estructuras planas.

2.1.2. ORIENTACIÓN DE ESTRUCTURAS LINEALES

En este caso se trabaja con los siguientes conceptos (Ragan, 1980):

- **Línea** (line).- Elemento geométrico generado por un punto móvil, que sólo tiene dimensión a lo largo de la trayectoria del punto.
- **Inmersión** (plunge).- Ángulo vertical entre la línea y la horizontal (es análogo al buzamiento de un plano) (Figura 2.2).
- **Dirección de inmersión** (direction of plunge).- Rumbo del plano vertical que contiene la línea (Figura 2.2).
- **Cabeceo** (pitch o rake).- Ángulo, medido en un plano cualquiera, entre la línea y una línea horizontal (Figura 2.2).

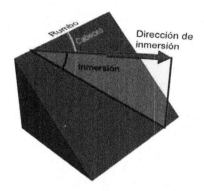

Figura 2.2. Conceptos de inmersión y cabeceo en estructuras lineales.

2.1.3. DETERMINACIÓN DEL BUZAMIENTO Y DIRECCIÓN DE UNA CAPA

Existen diversos métodos para determinar la orientación de planos estructurales, aunque todos ellos se basan en mediciones de campo. Estos métodos se dividen en los siguientes (Ragan, 1980):

- Método directo.
- Métodos indirectos:
  - Métodos gráficos.
  - Métodos trigonométricos.
  - Otras técnicas.
    - Diagrama de alineamiento.
    - Proyección estereográfica (estereofalsilla)

El **método directo** consiste en apoyar directamente una brújula dotada de clinómetro en la estratificación o cualquier otra superficie plana existente en el afloramiento y obtener mediante lectura directa la *dirección de capa* (rumbo) y el *ángulo de buzamiento*. Dos brújulas destacan sobre el resto, la Brújula tipo Silva de carátula movible y la brújula tipo Brunton de carátula fija (Figura 2.3).

Brújula tipo Silva de carátula movible[4]   Brújula tipo Brunton de carátula fija[4]

Figura 2.3. Brújulas de uso común.

En ambos casos la medición del rumbo se obtiene situando la brújula en un plano horizontal y alineando su canto lateral con el canto del plano (Figura 2.4). En el caso de la brújula Brunton la nivelación horizontal se consigue situando la burbuja de nivel esférico en el centro.

Para medir la inclinación se coloca la brújula perpendicular al rumbo con el canto lateral pegado a la estratificación (Figura 2.4) y se usa el clinómetro. En la brújula Brunton esta medición se realiza situando la burbuja del nivel tubular en el centro. Por último se estima la dirección de inclinación en letras (N, NO, E, SE, S, SO, O, NO), siguiendo la nomenclatura tipo americano.

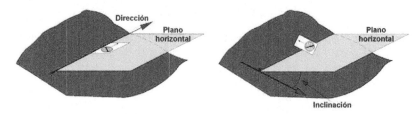

Medición del rumbo   Medición de la inclinación

Figura 2.4. Toma de rumbo e inclinación en el campo.

La principal característica de la brújula Brunton es la ubicación del Este y del Oeste que se encuentran invertidos. En este caso, para tomar el valor del rumbo se usa el cuadrante I (entre 0° y 90°) o el cuadrante IV (entre 270° y 360°). Cuando una de las agujas marca entre 0-90° se lee

---

[4] Fotos cedidas por GIS IBERICA.

el rumbo como N xx E, donde xx es el valor medido sobre la brújula. Pero si una de las agujas marca entre 270°-360° se lee como N (360°-xx) O, donde xx como en el caso anterior es el valor de lectura (Figura 2.5).

N xx E
xx = valor de lectura

N (360-xx) E
xx = valor de lectura

Figura 2.5. Lectura del rumbo mediante brújula Brunton.

Los **métodos indirectos** tratan de determinar la relación entre las componentes de la orientación: el *buzamiento aparente*, el *buzamiento real* y la *dirección de capa*.

Dentro de los métodos indirectos, los <u>métodos gráficos</u> son los más utilizados. Sin embargo, para su aplicación, intervienen una serie de triángulos rectángulos, por lo que las soluciones también se pueden obtener mediante <u>métodos trigonométricos</u>, que permiten resolver de forma rápida y fácil los diferentes problemas de orientación; tales como el cálculo del buzamiento aparente y del buzamiento real a partir de dos buzamientos aparentes.

- Cálculo del buzamiento aparente *α*.- Viene dado por la expresión [2.1] donde *δ* es el buzamiento real y *β* es el ángulo entre la dirección de la capa y la dirección de buzamiento aparente.

$$tg\,\alpha = tg\,\delta \cdot sen\,\beta \qquad [2.1]$$

De esta forma, conociendo dos de las variables, se puede calcular la tercera fácilmente (Figura 2.6).

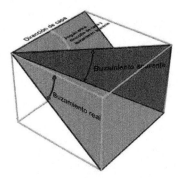

Figura 2.6. Cálculo del buzamiento aparente.

- Cálculo del buzamiento real δ a partir de dos buzamientos aparentes α_1 y α_2.- Viene dado por la expresión [2.3], donde θ es el ángulo entre los dos rumbos de buzamiento aparente y $\varPhi$ es el ángulo entre el rumbo de α_1 y la dirección de buzamiento real (Figura 2.7).

$$tg\,\varphi = \frac{\left|\left(\dfrac{tg\,\alpha_2}{tg\,\alpha_1}\right) - \cos\theta\right|}{sen\,\theta} \qquad [2.2]$$

$$tg\,\delta = \frac{tg\,\alpha_1}{\cos\varphi} \qquad [2.3]$$

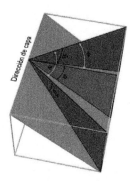

Figura 2.7. Cálculo del buzamiento real.

Se han desarrollado <u>otras técnicas</u> de resolución gráfica basadas en relaciones trigonométricas, tales como los *diagramas de alineamiento* para la determinación del buzamiento aparente (Ragan, 1980).

Pero sin duda, la técnica más útil, se basa en un tipo de proyección diferente y una falsilla espacial de representación (estereofalsilla); denominada *proyección estereográfica*. Con ella, no sólo se pueden obtener soluciones numéricas precisas de la resolución de relaciones angulares complejas, si no que todo el proceso de representación se puede visualizar, lo que hace que esta técnica sea de una utilidad muy superior a las planteadas con anterioridad. Esta representación gráfica, será la que centre el hilo conductor del libro, describiendo extensamente los detalles de este método en el capítulo 3.

2.1.4. SIMBOLOGÍA CARTOGRÁFICA

La orientación de un plano y de una línea en el espacio quedan definidas, respectivamente, por los ángulos correspondientes a la dirección de capa y el buzamiento, y por la dirección de línea e inmersión. Para establecer dichas orientaciones, únicamente será necesario indicar los valores de ambos ángulos.

Tanto la orientación de planos como de líneas se representan en un mapa mediante símbolos cartográficos especiales que constan de tres partes (Figura 2.8):

1. Línea de dirección (rumbo) de capa (en planos) o de inmersión (en líneas).
2. Indicador de buzamiento (en planos) o de inmersión (en líneas).
3. Ángulo de buzamiento (en planos) o de inmersión (en líneas).

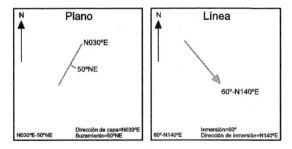

Figura 2.8. Simbología cartográfica de orientación de planos y líneas.

En el caso de estructuras lineales desarrolladas sobre estructuras planas (por ejemplo, una estría desarrollada sobre un plano de falla) existe una alternativa que permite realizar la medición de la orientación de la estructura lineal respecto a la orientación de la estructura plana; este es el caso del cabeceo (Figura 2.9).

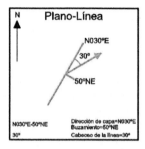

Figura 2.9. Representación de la orientación de estructuras lineales desarrolladas sobre estructuras planas.

2.2. Concepto de espesor y profundidad

- **Espesor** (thickness).- Se define como la distancia perpendicular entre los dos planos que limitan un cuerpo de roca tabular (Figura 2.10).
- **Profundidad** (depth).- Es la distancia vertical existente entre un nivel específico (por lo general la superficie terrestre) y un punto, línea o plano (Figura 2.10).

La determinación de espesores y profundidades de unidades estratigráficas en combinación con el uso de la proyección estereográfica, permitirá la caracterización del medio geológico.

Figura 2.10. Conceptos de espesor y de profundidad de capa.

2.2.1. DETERMINACIÓN DEL ESPESOR DE UNA CAPA

Existen diferentes métodos que permiten determinar el espesor de una capa, bien de manera directa, como en los casos más favorables, o bien de forma indirecta (Ragan, 1980).

La **medición directa** consiste en la determinación sobre el terreno del espesor de capas horizontales o verticales con auxilio de una cinta métrica. Su medición se realizará en las caras perpendiculares a la dirección de capa.

Otro método de medición directa, pero que a su vez es independiente de la relación de buzamiento de capa-pendiente del terreno, consiste en el empleo de la vara de Jacob (Figura 2.11). Este mecanismo está conformado por un palo más o menos largo graduado que lleva acoplado en su extremo un instrumento de nivelación (clinómetro o brújula Brunton). El proceso comienza con el cálculo del buzamiento de capa mediante el clinómetro. Posteriormente, se coloca la vara de manera perpendicular a la dirección de capa y se realiza la nivelación mediante la inclinación de la vara en la dirección de buzamiento, hasta que la burbuja de nivelación quede centrada. Entonces el espesor de la capa, o parte de la capa comprendida entre la base de la vara y los puntos elegidos, es igual a la altura de la vara.

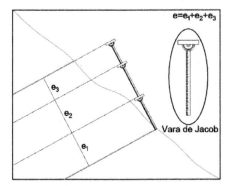

Figura 2.11. Medición directa de una capa inclinada a partir de una vara de Jacob.

En el caso de no poder determinar el espesor de manera directa, recurrimos a la **medición indirecta** en sus diferentes alternativas. La elección de la alternativa a utilizar dependerá de las características del terreno, del equipo disponible y de la complejidad de la estructura.

De los métodos indirectos, el primer método y más sencillo consiste en determinar el espesor de capa e a partir de la medición de la anchura de la capa a, que aflora perpendicularmente a la dirección de capa en una superficie plana horizontal, y el ángulo de buzamiento δ (ecuación [2.4]).

$$e = a \cdot sen\ \delta \qquad\qquad [2.4]$$

Cuando se da la situación de que la anchura del afloramiento tiene que ser medida en terrenos inclinados, el espesor de capa se determinará en función del ángulo de buzamiento δ y de la pendiente del terreno σ. Al igual que en terrenos horizontales, el espesor también puede determinarse de forma trigonométrica, aunque en este caso, al intervenir la pendiente, la determinación es un poco más compleja, dando lugar a los casos de la Figura 2.12.

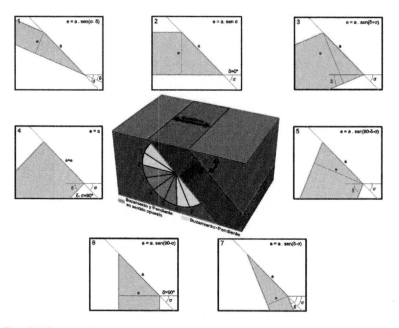

Figura 2.12. Determinación del espesor de una capa a partir de la anchura del afloramiento en terrenos inclinados.

En ocasiones, la existencia de obstrucciones en el terreno no siempre permite realizar mediciones de forma perpendicular a la dirección de capa. Por tanto, se hace necesaria una nueva corrección (Figura 2.133) que permita calcular el espesor a partir de la medición de la longitud de un trayecto oblicuo al afloramiento (ecuación [2.5]).

Figura 2.13. Diagrama del espesor de capa a partir de un trayecto oblicuo al afloramiento.

$$a = l \cdot sen\ \beta \qquad [2.5]$$

En donde *l* es la longitud del trayecto, y *β* es el ángulo que forma la dirección del trayecto con la dirección de capa. Y por consiguiente podemos obtener el espesor de capa (ecuación [2.6]):

$$e = (l \cdot sen\ \beta) \cdot sen\ \delta \qquad [2.6]$$

Un <u>segundo método</u> indirecto consiste en medir la componente horizontal *h* y vertical *v* entre dos puntos a lo largo de una línea perpendicular a la dirección de capa (Secrist, 1941).

Dado que en su formulación no interviene ni el ángulo ni la distancia de la pendiente, se recomienda su empleo en taludes irregulares. Cabe destacar que también permite determinar el espesor a partir de mapas geológicos (ecuación [2.7]).

$$e = h \cdot | sen\ \delta \pm v \cdot cos\ \delta | \qquad [2.7]$$

En la anterior ecuación se utiliza la suma si la pendiente y el buzamiento de la capa se encuentran inclinados en sentido opuesto (Figura 2.14, 2) y se emplea la diferencia si están dispuestos en el mismo sentido (Figura 2.14, 1 y 3).

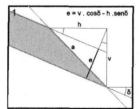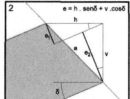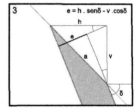

Figura 2.14. Determinación del espesor mediante la componente horizontal *h* y vertical *v* entre dos puntos a lo largo de una línea perpendicular a la dirección de capa.

Por último, destacar que la mayor complicación en la medición del espesor de capa se presenta en aquellos casos en los que no es posible realizar mediciones angulares horizontales y verticales sobre el terreno junto con la restricción de tener que realizar un trayecto oblicuo a la anchura del afloramiento (Figura 2.15).

Figura 2.15. Diagrama del espesor de capa en el caso más irregular.

En este caso, la ecuación trigonométrica definida por Mandelbaum & Sanford (1951) ofrece una solución al problema (ecuación [2.8]).

$$e = l \cdot \left| sen\ \delta \cdot cos\ \sigma \cdot sen\ \beta \pm sen\ \sigma \cdot cos\ \delta \right| \qquad [2.8]$$

Se considera la suma cuando la pendiente y el buzamiento tienen sentido opuesto, y la diferencia si tienen el mismo sentido.

2.2.2. DETERMINACIÓN DE LA PROFUNDIDAD DE UNA CAPA

De igual forma que ocurría con el espesor, el **supuesto más sencillo** para calcular la profundidad de una capa, corresponde a un plano inclinado que aflora sobre un terreno horizontal (Figura 2.16).

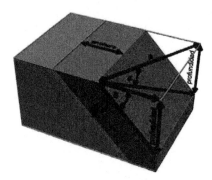

Figura 2.16. Diagrama de la profundidad de capa en terreno horizontal.

Una vez conocido el ángulo de buzamiento de la capa δ junto con la distancia horizontal h medida de forma perpendicular a la dirección de capa, o bien el buzamiento aparente α junto con la distancia horizontal medida en la dirección de buzamiento aparente, la profundidad p puede calcularse a partir de las ecuaciones [2.9] y/o [2.10]:

$$p = m \cdot tg\ \delta \qquad [2.9]$$

$$p = m \cdot tg\ \alpha \qquad [2.10]$$

Mientras, el supuesto **más complicado** corresponde a la medición de la profundidad en un terreno inclinado. Existen varios casos según la pendiente del terreno y el buzamiento de la capa, tal y como recoge la Figura 2.17.

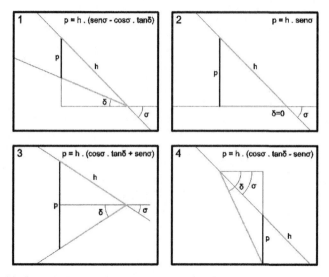

Figura 2.17. Determinación de la profundidad de capa a partir de la distancia medida en un terreno inclinado.

Cuando la distancia h en el talud se mide perpendicularmente a la dirección de capa, la ecuación de cálculo quedaría de la siguiente forma (ecuación [2.11]):

$$p = h \cdot |\ sen\ \sigma \pm cos\ \sigma \cdot tg\ \delta\ | \qquad [2.11]$$

Se considera la suma cuando pendiente y buzamiento están inclinados en sentidos opuestos, y la diferencia cuando lo hacen en el mismo sentido. Si la distancia a medir sobre el talud es oblicua a la dirección de capa se debe utilizar el buzamiento aparente α.

Al igual que sucedía con el espesor de capa, la profundidad puede ser medida de manera directa a partir de mapas geológicos por mediación de la ecuación [2.9].

2.3. Descripción de estructuras geológicas

2.3.1. PLIEGUES

Definición de pliegue

El pliegue, es una deformación de las rocas, generalmente sedimentarias, en la que elementos de carácter horizontal se curvan formando ondulaciones alargadas más o menos paralelas entre sí. Si los elementos inicialmente no son planos, la ondulación recibe el nombre de plegamiento.

Aunque se forman bajo condiciones muy variadas de esfuerzo como la presión hidrostática, la presión de los fluidos intersticiales o la temperatura (Hobbs *et al.*, 1981), en general se producen por esfuerzos de compresión en las placas tectónicas. En este caso se deben a dos tipos de fuerzas, las laterales debidas a la interacción de las placas y las verticales debidas al fenómeno de subducción que provoca el levantamiento de las cordilleras.

Elementos de los pliegues (Figura 2.18)

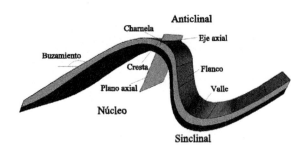

Figura 2.18. Elementos de los pliegues.

- Charnela.- Es la línea que une los puntos de máxima o mínima altura en cada capa, es decir, de máxima curvatura del pliegue, donde los estratos cambian el buzamiento.
- Plano axial.- Es el plano que une las charnelas de todas las capas de un pliegue dividiéndolo tan simétricamente como sea posible.
- Eje axial.- Es la línea que forma la intersección del plano axial con la charnela.
- Flanco.- Son los planos inclinados que forman los laterales del pliegue y están situados a uno y otro lado de la charnela.
- Cresta.- Es la línea que une los puntos más altos de un pliegue.
- Valle.- Es la línea que une los puntos más bajos de un pliegue.

- Núcleo.- El núcleo es la parte más interna de un pliegue.
- Dirección.- Es el ángulo que forma el eje del pliegue con la dirección geográfica N-S.
- Cabeceo.- Es el ángulo que forma el eje de pliegue con una línea horizontal contenida en el plano axial.

Características de un pliegue

- Inmersión.- Es el ángulo que forman una línea de charnela y el plano horizontal.
- Dirección.- Es el ángulo formado entre un eje del pliegue y la dirección norte-sur.
- Buzamiento.- Es el ángulo que forman las superficies de los flancos con la horizontal.

Tipos de pliegues

Los pliegues se pueden clasificar atendiendo a varias características:

1. Por la disposición de sus capas según antigüedad:
   - Anticlinales.- Los estratos más modernos envuelven a los más antiguos que se sitúan en el núcleo. Presentan la parte convexa hacia arriba, con aspecto de bóveda y los flancos se inclinan en sentido divergente (Figura 2.19).
   - Sinclinales.- Los estratos más antiguos envuelven a los más modernos que se encuentran en el núcleo. Tienen la convexidad hacia abajo (hacia el interior de la tierra), con forma de cuenca o cubeta y los flancos se inclinan en sentido convergente (Figura 2.19).

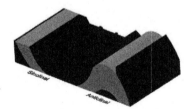

Figura 2.19. Clasificación de los pliegues por la disposición de sus capas.

2. Por su forma:
   - Cilíndrico.- Sus ejes no presentan inmersión. En este caso dos líneas paralelas siguen siendo paralelas a lo largo de la superficie.
   - No cilíndricos.- Sus ejes presentan inmersión.
3. Por su simetría:
   - Simétricos respecto del plano axial (Figura 2.20).
   - Asimétricos respecto del plano axial (Figura 2.20).

Figura 2.20. Clasificación de los pliegues por su simetría: simétricos (izqda.), asimétricos (dcha.).

4. Por la inclinación del plano axial (Figura 2.21):

- Rectos.- El plano axial es vertical. Forma un ángulo con la horizontal de 90°.
- Inclinados.- El plano axial forma un ángulo con la horizontal mayor de 45°.
- Tumbados.- El plano axial forma un ángulo con la horizontal menor de 45°. En este caso uno de los flancos se apoya sobre la parte superior del siguiente pliegue.
- Acostados o recumbentes.- El plano axial y los flancos son horizontales.

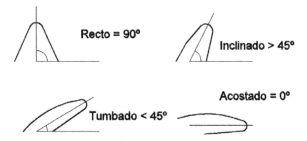

Figura 2.21. Clasificación de los pliegues por la inclinación de su plano axial.

5. Por el espesor de sus capas:

- Isópacos.- Sus capas tienen un espesor uniforme.
- Anisópacos.- Sus capas tienen un espesor no uniforme.

6. Por el ángulo que forman sus flancos:

- Isoclinales.- Los flancos del pliegue son paralelos.
- Apretados.- Los flancos forman un ángulo agudo.
- Suaves. Los flancos forman un ángulo obtuso.

7. Otros tipos de pliegues:

- En abanico.- Poseen dos planos axiales con inclinaciones opuestas.
- De perfil transversal normal.- Sus flancos se separan desde la charnela.
- Monoclinales o pliegue en rodilla.- Presentan un solo flanco.
- En acordeón.- Su charnela es angular.

- En cofre y artesa.- Su charnela es recta y forma ángulos aproximados de 90°.
- Disarmónicos.- Sus capas poseen distinta plasticidad, dando lugar a estructuras complejas.
- De arrastre.- Sus capas de mayor plasticidad se pliegan de forma independiente a las demás, dando lugar a pliegues más pequeños.
- De falla.- En este caso además del pliegue se produce una rotura de las capas, con desplazamiento de las partes (Figura 2.22).

Figura 2.22. Pliegues de falla.

2.3.2. FALLAS

Definición de fallas

Las fallas son fracturas o dislocaciones que se producen en las rocas de la corteza terrestre y que presentan desplazamientos de los bloques resultantes de la fracturación. Este movimiento puede producirse en cualquier dirección, sea vertical, horizontal o una combinación de ambas.

Elementos de las fallas

- Plano de falla.- Es la superficie de ruptura y desplazamiento. Si las fracturas son frágiles, por efecto de la abrasión presentan unas superficies lisas y pulidas denominadas espejo de falla, que ocasionalmente muestran estrías indicativas de la dirección hacia donde se produjo el desplazamiento de los bloques.
- Labios de falla.- Son los dos bordes o bloques que se han desplazado.
- Salto de falla.- Es el espacio o distancia vertical medida entre los bordes desplazados.

Características de las fallas

- Dirección.- Ángulo que forma una línea horizontal contenida en el plano de falla con el eje norte-sur.
- Buzamiento.- Ángulo que forma el plano de falla con la horizontal.
- Salto de falla.- Distancia entre un punto dado de uno de los bloques y el correspondiente en el otro, tomada a lo largo del plano de falla.
- Escarpe.- Distancia entre las superficies de los dos labios, tomada en vertical.
- Espejo de falla.- Superficie plana que se produce a lo largo del escarpe de falla

Tipos de fallas

Las fallas se clasifican en función de los esfuerzos que las originan y de los movimientos relativos de los bloques.

- Falla normal o gravitacional.- También denominada falla directa, se caracteriza por presentar un buzamiento elevado superior a 50°. En este caso el movimiento se produce según el sentido de buzamiento de modo que el labio situado sobre el plano de falla se mueve hacia abajo en relación con el labio situado bajo el plano de falla (Figura 2.233). Al primero se le denomina bloque de techo, mientras al segundo se denomina bloque de piso. Aparecen comúnmente formando sistemas conjugados que inducen levantamientos y hundimientos de bloques en forma de macizos tectónicos (horsts) y fosas tectónicas (rifts).

Figura 2.23. Falla normal o gravitacional.

- Falla inversa.- Se produce por compresión dando lugar a un acortamiento de los materiales por buzamiento del plano de falla hacia el labio elevado (Figura 2.24). En este caso el plano de falla suele tener un ángulo próximo a los 30° respecto a la horizontal y el bloque de techo permanece sobre el bloque de piso. Cuando el plano de falla es muy inclinado se produce un cabalgamiento, en donde los estratos más antiguos se solapan sobre los más modernos.

Figura 2.24. Falla inversa.

- Falla recta, de dirección o desgarre.- Tiene lugar por efecto de un desplazamiento horizontal y es típica en los bordes de las placas tectónicas (Figura 2.25).

Figura 2.25. Falla recta, de dirección o desgarre.

- Falla de rotación o tijera.- Se forman por efecto del basculado de los bloques sobre el plano de falla, es decir, un bloque presenta un movimiento de rotación con respecto al otro (Figura 2.26).

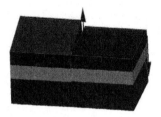

Figura 2.26. Falla de rotación o tijera.

2.3.3. DIACLASAS

Definición de diaclasas

Las diaclasas son pequeñas fisuras o grietas que se producen en las rocas de la corteza terrestre por efecto de fuerzas laterales (Figura 2.27), generalmente asociadas a fallas y pliegues, pero a diferencia de las fallas no presentan desplazamientos entre los bloques resultantes.

Una de las causas más frecuentes del diaclasamiento es la disminución del volumen del material por deshidratación, enfriamiento o recristalización aunque otra parte muy importante se debe a la descompresión.

Figura 2.27. Sistema de diaclasas. Playa de Xivares (Asturias).

Características de las diaclasas

- Dirección.- Ángulo que forma una línea horizontal contenida en el plano de la diaclasa con el eje norte - sur.
- Buzamiento.- Ángulo formado por la diaclasa y un plano horizontal imaginario.

Las diaclasas no tienen por qué ser en general planas, ni responder a ninguna geométrica regular, así que los parámetros indicados pueden variar de un punto a otro.

Tipos de diaclasas

Las diaclasas no suelen aparecer aisladas, sino en sistemas de dos o más conjuntos denominándose:

- Sistema de diaclasas paralelas.- Todas las diaclasas tienen igual dirección y buzamiento.
- Sistema de diaclasas que se cortan.- Las diaclasas tienen distintas direcciones y buzamientos y, por lo tanto, se cortan en determinados puntos. El caso más común suele ser el de familias de diaclasas conjugadas, con dos o tres direcciones predominantes de diaclasas.

2.3.4. FOLIACIONES

Definición de foliación

Se denomina foliación al aspecto laminar característico de las rocas metamórficas formadas a partir de rocas preexistentes sometidas a valores de presión y temperatura superiores a los de su formación dando lugar a nuevos cristales y a la distribución paralela de las partículas minerales.

Atendiendo a este criterio, las rocas metamórficas se clasifican en foliadas como las pizarras (Figura 2.28), los esquistos o los gneis y no foliadas o masivas como las cuarcitas, los mármoles y las corneanas.

Figura 2.28. Muestra de corneana (izqda..) y pizarra (dcha.). Propiedad de la Escuela Politécnica de Mieres.

Tipos de Foliaciones

Las foliaciones se clasifican en función del momento de su formación en:

- Foliaciones primarias.- Se forman antes de la litificación (cementación o compactación de los sedimentos) de las rocas. Entre ellas se encuentran la estratificación, flujo laminar de magma.
- Foliaciones secundarias.- Se producen después de la litificación de las rocas y son ejemplos de ellas las diaclasas y las fallas.

Existen otras foliaciones de origen no-tectónico como son las Grietas de enfriamiento.

2.3.5. LINEACIONES

Definición de lineación

El término lineación se emplea para describir cualquier estructura lineal que aparece en la superficie de una roca (Figura 2.29). La lineación puede estar formada durante la deformación debido a la orientación preferente de minerales, fósiles y cantos, por fisuración paralela, por estriación o surcos como resultado del movimiento de rocas sobre un plano.

Características de las lineaciones

- Dirección.- Ángulo formado por la lineación y el eje norte-sur.
- Buzamiento.- Ángulo formado por la lineación y un plano horizontal imaginario.

Tipos de lineaciones

Son ejemplos de lineaciones las estrías o marcas del movimiento tectónico cuya dirección coincide con la dirección del movimiento, los ejes de los pliegues, las intersecciones de planos o la orientación de minerales.

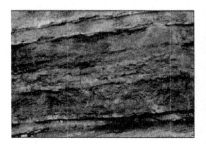 

Figura 2.29. Ilustraciones de lineaciones. Playa de Xivares (Asturias) (izqda.) y Carretera al Chimborazo (Ecuador) (dcha.).

3. PROYECCIÓN ESTEREOGRÁFICA

3.1. Introducción

La resolución de problemas en geología estructural por los métodos usuales de geometría descriptiva exige la construcción de por lo menos dos vistas ortográficas, lo cual requiere de tiempo y esfuerzo. Afortunadamente existe un método alternativo por el cual las relaciones angulares entre planos y líneas se pueden determinar más directamente; concretamente, a partir de la proyección estereográfica (Ragan, 1980).

Esta proyección constituye uno de los métodos más útiles para representar las relaciones angulares entre los planos y las líneas que forman las estructuras geológicas. Se trata de un método gráfico para resolver estos problemas geométricos, fácil de usar y que conduce a resultados rápidos. La exactitud de las operaciones generalmente es del orden de medio grado, precisión que en general es mayor que la obtenida con estudios de campo. En un análisis detallado de una determinada área, o en rocas deformadas, puede ser necesario recoger gran cantidad de datos acerca de la orientación de planos y líneas. Mediante la proyección estereográfica es posible reunir miles de tales observaciones en un solo diagrama, aplicar métodos estadísticos a los datos y llegar a resultados que tengan un alto grado de precisión (Ramsay, 1977).

3.2. Propiedades

La proyección estereográfica es una proyección acimutal en la que el vértice de proyección es un punto de la esfera y el plano del cuadrado es normal al diámetro que pasa por el vértice de proyección, pudiendo ser tangente a la esfera (**estereográfica polar**), pasar por el centro (**estereográfica meridiana o ecuatorial**) o ser cualquier otro plano paralelo a ellos (**estereográfica oblicua u horizontal**) (Figura 3.1) (Santamaría-Peña, 2000).

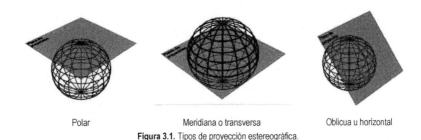

Polar   Meridiana o transversa   Oblicua u horizontal

Figura 3.1. Tipos de proyección estereográfica.

La proyección (m) de un punto M situado sobre la esfera, en el plano de proyección, resulta de la intersección de la recta que contiene al vértice de proyección y al punto M con el plano de proyección (Figura 3.2).

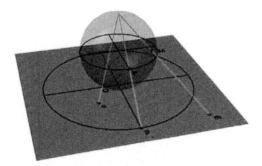

Figura 3.2. Representación gráfica de la proyección estereográfica.

Las propiedades que caracterizan a la proyección estereográfica son:

- Toda circunferencia en la esfera se proyecta según una circunferencia, menos las que pasan por el vértice de proyección que se proyectan según rectas.
- La proyección es conforme, es decir, conserva la verdadera magnitud de los ángulos en la proyección, de ahí que también se denomine proyección equiangular.

Atendiendo a estas propiedades:

- Los paralelos son circunferencias concéntricas.
- Los círculos mayores cortan al Ecuador en puntos diametralmente opuestos.
- Los círculos menores son circunferencias (excepto si pasan por el Polo de proyección, que son rectas). Su centro es la proyección del vértice del cono circunscrito a lo largo del círculo menor en cuestión.

La intersección del plano ecuatorial de proyección con la esfera es una circunferencia llamada **primitiva**. Todos los puntos del ecuador se proyectan sobre ella (punto P en Figura 3.2). Los puntos que se sitúan en el hemisferio opuesto al punto de proyección, se proyectan dentro de la primitiva (punto O), y los que se ubican en el mismo hemisferio se proyectan fuera de la primitiva (punto M).

3.3. Tipos de proyección

3.3.1. POLAR

En este tipo de proyección los meridianos (expresión [3.1]) se muestran como líneas rectas igualmente espaciadas que se cortan en el polo. Los ángulos entre ellos corresponden, en la proyección, con los valores reales sobre la esfera terrestre (proyección conforme).

Los paralelos (expresión [3.2]) son círculos desigualmente espaciados centrados en el polo. Este espaciado aumenta con la lejanía al polo (Figura 3.3), aumentando de esta forma la distorsión en la forma y en las distancias. El ecuador se muestra mediante la circunferencia más alejada del polo, frontera de la proyección. La distorsión es moderada hasta los 30° de latitud norte, a partir de ahí, aumenta hacia el ecuador. Debido al aumento de la distorsión con la lejanía del polo, no se suele proyectar más allá del ecuador para cada hemisferio (García-Cruz, 2006).

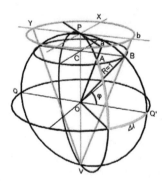

Figura 3.3. Proyección estereográfica Polar.

$$\frac{X}{Y} = -tg\,\Delta\lambda \qquad\qquad [3.1]$$

$$X^2 + Y^2 = \frac{4 \cdot \cos^2 \varphi}{(1 + sen\ \varphi)^2} \qquad\qquad [3.2]$$

donde:

$$X = \frac{2 \cdot sen\ \Delta\lambda \cdot \cos \varphi}{1 + sen\ \varphi} \qquad\qquad Y = \frac{-2 \cdot \cos \varphi \cdot \cos \Delta\lambda}{1 + sen\ \varphi} \qquad [3.3]$$

Esta proyección es muy utilizada en Astronomía para las cartas del cielo en las zonas próximas a los polos. También se usa en navegación para las regiones polares. Es la proyección que mejor representa a la esfera (o elipsoide), con módulos de deformación menores incluso que en la proyección U.T.M (Santamaría-Peña, 2000).

3.3.2. MERIDINA O ECUATORIAL

En este tipo de proyección el plano del cuadrado pasa por el centro de la esfera, pero dependiendo que se sitúe sobre el ecuador o sobre el meridiano principal, se denominará ecuatorial o meridiana. En el primer caso y con el punto de vista situado en el polo, los meridianos se representan como rectas mientras que los paralelos se transforman en circunferencias (Figura 3.4).

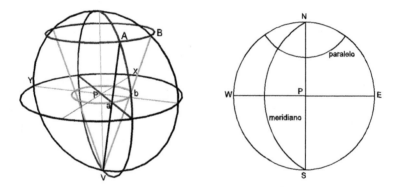

Figura 3.4. Proyección estereográfica ecuatorial (izqda.) y meridiana (dcha.).

En la proyección estereográfica meridional (Figura 3.4), la circunferencia frontera (primitiva) representa un meridiano y los polos norte y sur aparecen, respectivamente, en lo alto y bajo del mapa.

Tanto el meridiano central como el ecuador son dos líneas rectas y forman los diámetros perpendiculares de la primitiva. Los otros meridianos (expresión [3.4]) son arcos de circunferencia desigualmente espaciados que se intersecan en cada polo. El espaciado aumenta según la lejanía respecto del meridiano central.

Salvo el ecuador, que es una línea recta, los otros paralelos (expresión [3.5]) son arcos de circunferencia desigualmente espaciados y cóncavos hacia el polo más próximo. El espaciado aumenta gradualmente, a lo largo del meridiano central, con la lejanía respecto del ecuador, pero es igual en el meridiano frontera, a 90° respecto del meridiano central.

La distorsión es moderada en las cercanías del centro del círculo y aumenta radialmente con el alejamiento hacia la circunferencia frontera, donde se da la mayor distorsión en forma y distancias (García-Cruz, 2006). Esta posición es la que se utiliza en los estudios de Geología Estructural.

$$X^2 + Y^2 - 4 \cdot X \cdot ctg \; \Delta\lambda - 4 = 0 \qquad [3.4]$$

$$X^2 + Y^2 - 4 \cdot Y \cdot cosec \; \varphi + 4 = 0 \qquad [3.5]$$

donde:

$$X = \frac{2 \cdot sen \; \Delta\lambda \cdot cos \; \varphi}{1 + cos \; \varphi \cdot cos \; \Delta\lambda} \qquad\qquad Y = \frac{2 \cdot sen \; \varphi}{1 + cos \; \varphi \cdot cos \; \Delta\lambda} \qquad [3.6]$$

Una de las aplicaciones de esta proyección, es la representación de la esfera celeste, ya que al ser conforme, las figuras que perfilan las estrellas, y que dan lugar a las distintas constelaciones, se conservan en el mapa (Santamaría-Peña, 2000).

3.3.3. OBLICUA U HORIZONTAL

La proyección se efectúa sobre un plano paralelo al del horizonte cuya latitud se denomina φ_0 (Santamaría-Peña, 2000).

Al igual de que en la proyección estereográfica meridiana o transversa, tanto los meridianos como los paralelos son arcos de circunferencias.

$$X^2 + Y^2 - \frac{2 \cdot X \cdot ctg \; \Delta\lambda}{cos \; \varphi_0} + 2 \cdot Y \cdot tg \; \varphi_0 = 1 \qquad [3.7]$$

$$\left(X^2 + Y^2\right) \cdot \left(sen \; \varphi + sen \; \varphi_0\right) - 2 \cdot Y \cdot cos \; \varphi_0 + sen \; \varphi - sen \; \varphi_0 = 0 \qquad [3.8]$$

donde:

$$X = \frac{2 \cdot sen \; \Delta\lambda \cdot cos \; \varphi}{1 + sen \; \varphi \cdot sen \; \varphi_0 + cos \; \varphi \cdot cos \; \varphi_0 \cdot cos \; \Delta\lambda} \qquad Y = \frac{2 \cdot \left(sen \; \varphi \cdot cos \; \varphi - cos \; \varphi \cdot sen \; \varphi \cdot cos \; \Delta\lambda\right)}{1 + sen \; \varphi \cdot sen \; \varphi_0 + cos \; \varphi \cdot cos \; \varphi_0 \cdot cos \; \Delta\lambda} \qquad [3.9]$$

En esta proyección el factor de escala indica la anamorfosis o reducción lineal que existe en un punto de coordenadas φ y $\Delta\lambda$; siendo su formulación matemática, la siguiente (ecuación [3.10]):

$$h = k = \frac{2}{1 + sen \; \varphi \cdot sen \; \varphi_0 + cos \; \varphi \cdot cos \; \varphi_0 \cdot cos \; \Delta\lambda} \qquad [3.10]$$

Las proyecciones oblicuas son de mucha utilidad, ya que cualquier lugar de la Tierra puede ser su centro y a partir de él es posible medir direcciones.

3.4. Redes estereográficas

Una red estereográfica (también denominada *estereofalsilla*, *falsilla estereográfica* o *estereoneta*) es una representación en dos dimensiones de una esfera en la que es posible ubicar estructuras planas y lineales, tales como fallas, fracturas o diaclasas.

Esta red está formada por un conjunto de proyecciones de círculos mayores y menores que ocupan el plano de proyección de la esfera de referencia.

3.4.1. TIPOS DE REDES

Existen diferentes tipos de redes según el plano de proyección:

Redes estereográficas meridionales.

- Falsilla de Wulff.
- Falsilla Schmidt.

Redes estereográficas polares.

- Falsilla Polar o de Billing.
- Diagramas en Rosa.

Redes estereográficas de contornos de densidad.

- Falsilla de contaje de Kalsbeek.

Dentro del campo de la Geología Estructural, las **falsillas de Wulff** y de **Schmidt** son sin duda las más utilizadas.

3.4.1.1. REDES ESTEREOGRÁFICAS MERIDIONALES O ECUATORIALES

Falsilla de Wulff

La falsilla de Wulff es el resultado de una proyección conforme y meridiana de dos familias de planos que, en su intersección con la esfera dan lugar, por una parte, a los círculos mayores y, por otra, a los círculos menores.

Los **círculos mayores** (meridianos) representan una familia de planos inclinados con dirección norte-sur, cuyos buzamientos varían desde 0° a 90° con intervalos 2° y 10° en ambos sentidos y que se intersectan donde el eje N-S corta a la primitiva (Figura 3.5).

Los **círculos menores** (paralelos) representan la intersección de la esfera con una serie de conos de distintos ángulos apicales, todos con el ápice en el centro de la esfera y el eje coincidente con el eje N-S (Figura 3.5 y Figura 3.5).

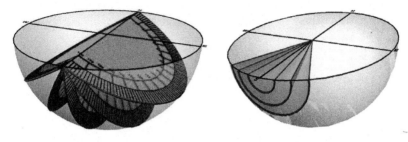

Representación de meridianos   Representación de paralelos
Figura 3.5. Representación de meridianos (círculos mayores) y paralelos (círculos menores).

La combinación de círculos mayores y menores constituye un ábaco perfectamente apto para la proyección estereográfica de líneas y planos (Babín-Vich & Gómez-Ortiz, 2010).

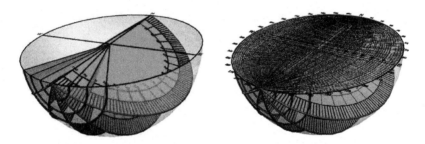

Conjunto de meridianos y paralelos   Obtención de representación final
Figura 3.6. Combinación de meridianos y paralelos.

Una de las propiedades más importantes de la proyección estereográfica es la de que un círculo mayor de la esfera es también un círculo en el estereograma, lo que permite construir fácilmente la representación de cualquier plano.

Los centros geométricos de los arcos, que son círculos máximos (*meridianos*), se pueden encontrar gráficamente (Figura 3.7) o a partir de la siguiente relación (ecuación [3.11]) (Ragan, 1980):

$$d = r.tg(\delta)$$ [3.11]

Donde *d* es la distancia desde *O* al centro del arco, *r* es el radio de la primitiva y *δ* es el ángulo de buzamiento.

Los planos que no pasan por el centro de la esfera cortan a la superficie según círculos menores (*paralelos*).

La segunda propiedad, íntimamente relacionada con la anterior, es la de que estos círculos menores también quedan relacionados por arcos circulares, pudiéndose hallar gráficamente (Figura 3.7) o a partir de la siguiente relación (ecuación [3.12]) (Ragan, 1980):

$$d = \frac{r}{\cos(\alpha)}$$

[3.12]

Donde α es el ángulo que forma el círculo menor con un punto de la primitiva.

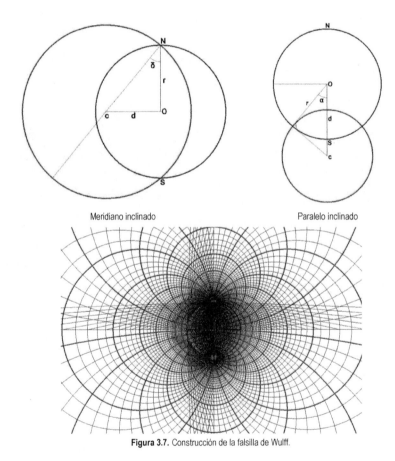

Meridiano inclinado   Paralelo inclinado

Figura 3.7. Construcción de la falsilla de Wulff.

El resultado, en su forma completa, es la falsilla estereográfica meridional o falsilla de Wuff, en la cual, ambos conjuntos de círculos están espaciados con intervalos de 2° (color negro), aparenciendo marcados con un trazo más grueso (color rojo) los que corresponden a valores múltiplos de 10° (Figura 3.8).

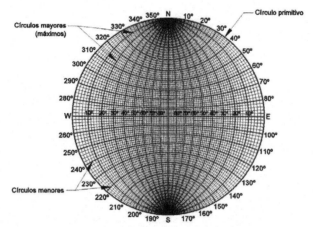

Figura 3.8. Falsilla de proyección estereográfica (falsilla de Wulff).

La falsilla de Wulff se caracteriza por conservar la verdadera magnitud de los ángulos en la proyección, de ahí que también se denomine *proyección equiangular o conforme*.

Por el contrario, presenta el inconveniente de no conservar las áreas (ni las distancias). Por lo tanto, dos áreas iguales en la esfera de proyección, una cerca del polo y otra cerca del ecuador, vendrán representadas en la falsilla por áreas distintas, siendo mayor el área más próxima al ecuador.

Los usos fundamentales de esta falsilla consistirán en la medición de ángulos entre estructuras y en todos aquellos problemas en donde las líneas, los planos y/o los polos se vayan a utilizar para efectuar cálculos geométricos.

Falsilla de Schmidt

La falsilla de Schmidt (Figura 3.9) es una falsilla equivalente y meridiana, cuya técnica de proyección y manipulación de datos es idéntica a la falsilla de Wulff.

Su empleo se deriva de aquellos análisis de geología estructural en los que la concentración de puntos proyectados es significativa y en la que las áreas se conservan en cualquier parte de ella (al igual que las distancias). Es decir, áreas iguales de la falsilla representan áreas iguales en la esfera.

Por el contrario no conserva los ángulos, o lo que es lo mismo, no es estereográfica en sentido estricto. En este caso las líneas dejan de ser arcos de circunferencia, dado que han sido modificadas para que las áreas se conserven.

Los usos fundamentales de la falsilla de Schmidt consistirán en la búsqueda de orientaciones preferentes a partir de una población de datos proyectada.

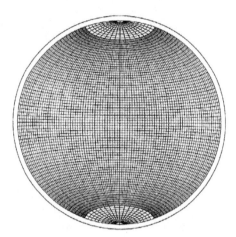

Figura 3.9. Falsilla de proyección de Schmidt.

3.4.1.2. REDES ESTEREOGRÁFICAS POLARES

Es una proyección en la que el eje N-S de la esfera se sitúa sobre el centro del plano de proyección, quedando representados los círculos mayores mediante rectas concéntricas y los círculos menores por círculos concéntricos.

Existen dos tipos de falsillas polares (Figura 3.10):

- Falsilla polar equiangular.- Conserva las relaciones angulares pero no las áreas.
- Falsilla polar equiareal.- Muestra zonas de igual área.

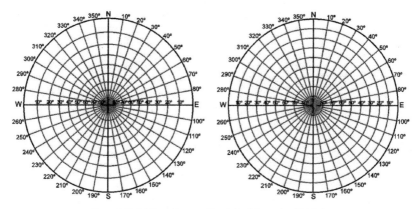

Figura 3.10. Falsillas polares: equiángula (izqda.) y equiareal (dcha.).

Falsilla polar o de Billing

Este diseño de red es de utilidad cuando se pretende proyectar los ejes de pliegues (líneas) o los polos de planos axiales a los planos de buzamiento sin necesidad de manipular la falsilla durante el proceso de proyección de las mismas. El principal inconveniente que presenta es el hecho de no poder medir relaciones angulares.

La representación gráfica de la línea de inmersión del eje del pliegue quedará definida con respecto al plano vertical que contiene a dicha línea (Figura 3.11).

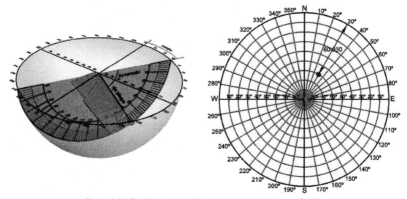

Figura 3.11. Falsilla polar o de Billing proyectando un pliegue 60-030.

La representación del polo de un plano de buzamiento requiere una serie de cálculos, que una vez efectuados, permiten representar el polo del plano como una línea. Estos cálculos consideran la relación de perpendicularidad entre normal y plano; es decir, las relaciones ortogonales plano/normal significan que la dirección de la normal está a 90° de la dirección del plano, en el sentido opuesto al buzamiento del plano (ecuaciones [3.3] y [3.4]).

$$\text{inmersión de la normal=90°-buzamiento del plano} \qquad [3.3]$$

$$\text{dirección de inmersión de la normal=dirección de buzamiento del plano}\pm180° \qquad [3.4]$$

Las siguientes figuras (Figura 3.12) muestran, a través de un ejemplo, el proceso de proyección de un plano sobre una falsilla polar:

$$\text{inmersión de la normal=90°-30=60°} \qquad [3.5]$$

$$\text{dirección de inmersión de la normal=(0°+90°)}\pm180=270° \qquad [3.6]$$

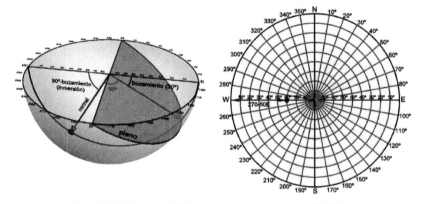

Figura 3.12. Falsilla polar o de Billing proyectando el polo de un plano 000-30NE.

Diagramas en Rosa

Los diagramas en Rosa (Figura 3.13) permiten representar las direcciones de los rumbos generales de planos o líneas proyectados agrupados por sectores de orientación (rangos). En este tipo de diagramas no existe información sobre la dirección de inclinación, razón por la cual no pueden ser considerados como una proyección estereográfica como tal.

La longitud del diámetro del círculo sobre el que se proyecta es proporcional al número de datos que se proyectan para ese rango. Únicamente será necesario calcular la mitad de los rangos de orientación porque el rumbo es un elemento bidireccional y automáticamente cubre el rango opuesto (el rango de diferencia de 180°).

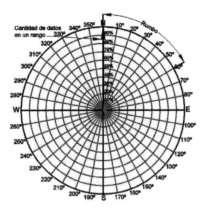

Figura 3.13. Construcción de un diagrama en Rosa.

Su funcionalidad principal consiste en detectar la existencia de familias de orientaciones dominantes y sus orientaciones relativas (Figura 3.14).

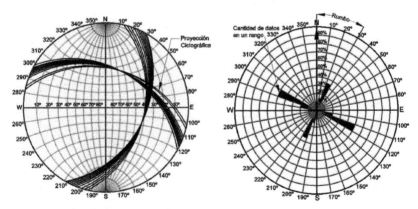

Figura 3.14. Diagrama en rosa correspondiente a las intersecciones de los planos correspondientes a un sistema de fallas conjugadas con la esfera de proyección.

3.4.1.3. REDES ESTEREOGRÁFICAS DE CONTORNOS DE DENSIDAD

En muchas ocasiones es posible estimar la orientación dominante de un determinado elemento estructural (estructuras lineales o los polos de estructuras planas) en el área de estudio. Pero si se pretende obtener una representación más precisa de las variaciones en orientación, se debe cuantificar el número de puntos por unidad de área de la proyección. Esta cuantificación debe efectuarse en una falsilla que conserve el área, de forma que se puedan reconocer variaciones en la orientación preferente del elemento estructural, medido en diferentes localidades. La mejor manera de representar estas variaciones en la concentración de puntos, es dibujando líneas de contornos que delimitan áreas determinadas (Babín-Vich & Gómez-Ortiz, 2010).

Falsilla de contaje de Kalsbeek

Para el estudio estadístico y el trazado de diagramas de densidad (ver apartado 3.4.2.3) se hace preciso introducir un nuevo elemento de la falsilla: el *elemento contador*. Este elemento permite, para cada posición del mismo, realizar un conteo del número de puntos proyectados que caen en su interior.

En el caso de la falsilla de Kalsbeek (Figura 3.15), el elemento contador está constituido por una red de seiscientos triángulos distribuidos por la falsilla de un modo uniforme, de tal modo que, en cada vértice, concurren seis triángulos, los cuales dibujan un hexágono que representa exactamente la centésima parte (1%) del área de la superficie de la esfera.

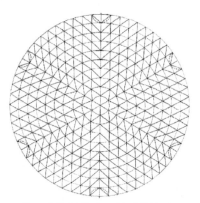

Figura 3.15. Falsilla de contaje de Kalsbeek.

Para su utilización se superpone a ella la nube de puntos proyectados en la falsilla de Schmidt; dado que de utilizar la falsilla de Wulff, la distribución resultante no sería estadísticamente correcta, al existir una tendencia a la concentración de gran parte de los datos en el centro de la falsilla. Posteriormente, se cuenta el número de puntos que caen dentro de cada hexágono[5] cuyo número, que representa al 1% del área total de la falsilla, se escribe en el centro del hexágono (Figura 3.16).

---

[5] Para evitar realizar contajes dobles, los puntos que caigan entre dos polígonos se contarán solamente en uno de los polígonos.

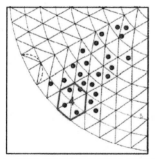 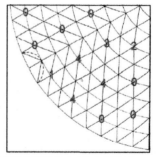

Figura 3.16. Superposición y contabilización de puntos sobre la falsilla de contaje de Kalsbeek.

Para conocer qué porcentaje representa dicho número se reconvierte el número de puntos a porcentaje multiplicando por un factor de conversión que se calcula cómo el número total de datos proyectados y divididos entre 100. De tal forma, que si se quiere conocer los contornos de densidad correspondientes al 2,5, 5 y 7,5% del 1% del área de la superficie de la esfera, se multiplica cada porcentaje (2,5, 5 y 7,5%) por el factor de conversión, permitiendo conocer el número de puntos contenidos en el 1% del área total correspondiente a la población de datos proyectada (Figura 3.17).

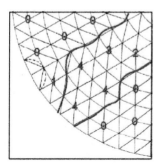 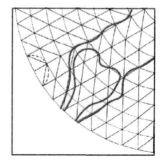

Figura 3.17. Cálculo de porcentajes y rangos de igual porcentaje sobre la falsilla de contaje de Kalsbeek.

Esta falsilla contadora tiene la ventaja sobre las demás de ser extremadamente clara y rápida en su manejo, pudiendo ser usada en casi todas las ocasiones en que se precise un procedimiento estadístico correcto.

3.4.2. TIPOS DE REPRESENTACIONES

Existen diversos tipos de representación de los elementos planos y lineales en la proyección estereográfica, pero todos ellos se llevan a cabo mediante el empleo de la estereofalsilla.

3.4.2.1. DIAGRAMA DE CÍRCULOS MÁXIMOS O DIAGRAMA B

Su empleo radica en la representación de elementos planos. Se obtiene cuando se proyecta la semicircunferencia resultante de la intersección del plano con la esfera sobre el plano de proyección ecuatorial (Figura 3.18).

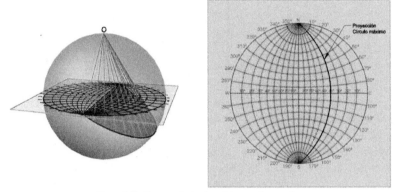

Figura 3.18. Diagrama de círculos máximos o diagrama β.

3.4.2.2. DIAGRAMA DE POLOS O DIAGRAMA Π

En este tipo de diagramas se representan únicamente los polos de los planos o rectas, es decir la intersección de la recta con la esfera en el caso de elementos lineales, o la intersección de la normal al plano con la esfera si se trata de elementos planos (Figura 3.19).

Este método permite registrar un gran número de observaciones sobre un solo diagrama, realizando el análisis geométrico con alto grado de precisión (Ramsay, 1977).

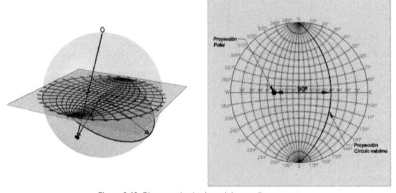

Figura 3.19. Diagrama de círculos máximos o diagrama π.

3.4.2.3. DIAGRAMA DE DENSIDAD DE POLOS

La proyección estereográfica de un determinado elemento de la naturaleza, nunca es tan exacta como la de líneas y planos teóricos, ya que presentan irregularidades puntuales, falta de ajuste con la geometría ideal en muchos casos, y posibles errores de precisión.

Esto hace que se produzcan dispersiones que, dependiendo de su magnitud, pueden o no facilitar la interpretación de un polo o un círculo máximo.

De ser así y producirse una gran dispersión de datos, será preciso recurrir a un análisis estadístico de una muestra grande de datos con el fin de determinar la dirección y buzamiento predominantes (Tomás-Jover *et al.*, 2002).

Este análisis estadístico se realiza empleando la falsilla de Schmidt, con el fin de evitar una concentración muy grande de puntos en el centro de la red, permitir el recuento directo de los polos, calcular su valor estadístico por unidad de superficie y determinar las direcciones y buzamiento predominantes (Figura 3.20).

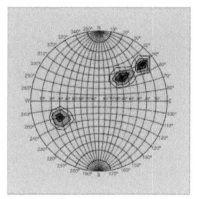

Figura 3.20. Diagrama de densidad de polos.

4. PROYECCIÓN ESTEREOGRÁFICA MERIDIANA O TRANSVERSA

4.1. Proyecciones de planos y líneas

4.1.1. PLANOS

Existen dos formas de proyectar planos:

- Proyección **ciclográfica ó β**, cuando se proyecta la semicircunferencia resultante de la intersección del plano con el hemisferio correspondiente (Figura 4.1).
- Proyección **polar ó π**, cuando se proyecta la intersección de la línea perpendicular al plano con el hemisferio (Figura 4.1).

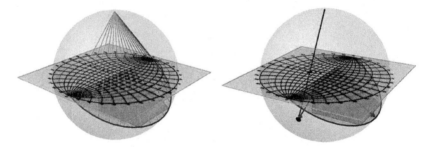

Figura 4.1. Proyección ciclográfica ó β (izqda.) y Proyección polar ó π (dcha.).

En las siguientes figuras (Figura 4.2, Figura 4.3 y Figura 4.4) se muestra el proceso de proyección ciclográfica y polar de un plano orientado en el espacio de dirección (N30ºE) y buzamiento (40ºSE) (Figura 4.2) a partir de la falsilla de Wulff.

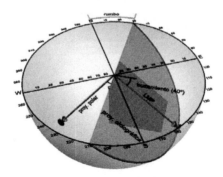

Figura 4.2. Plano en el espacio de dirección (N30ºE) y buzamiento (40ºSE).

1. Los elementos básicos para realizar proyecciones estereográficas de forma manual son: una falsilla, una chincheta y papel transparente con la primitiva y los cuatro puntos cardinales dibujados (Figura 4.3).

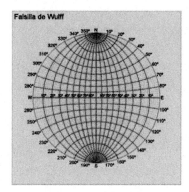 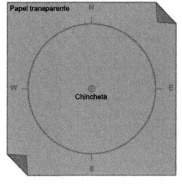

Figura 4.3. Elementos básicos de trabajo.

2. Sobre la circunferencia primitiva del papel transparente se mide la dirección de buzamiento del plano (Figura 4.4 a).

3. Se gira el papel transparente hasta que este valor coincida con el eje N-S de la falsilla (Figura 4.4 b).

4. En la anterior posición, se mide el valor de buzamiento sobre el eje E-O de la falsilla desde la primitiva hacia su centro, teniendo en consideración su sentido, y se traza el círculo mayor que tiene esa dirección y ese ángulo de buzamiento; obteniendo de esta forma la proyección ciclográfica del plano (Figura 4.4 c).

5. Por su parte la proyección polar del plano se ubica en la mitad opuesta al círculo mayor de la proyección ciclográfica; midiendo un ángulo de 90° desde el círculo mayor y a lo largo del eje E-O de la falsilla (Figura 4.4 c).

6. Finalmente, se rota el papel transparente sobre la falsilla hasta que coincidan nuevamente los dos polos N (Figura 4.4 d); quedando así definida la proyección ciclográfica (una línea) y polar del plano (un punto).

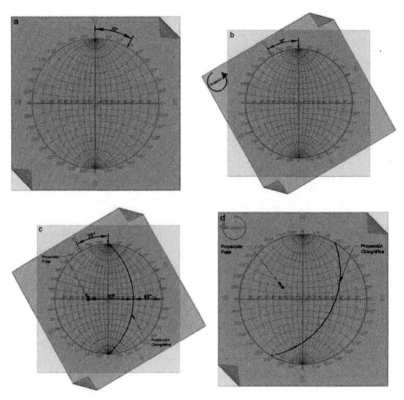

Figura 4.4. Representación estereográfica de un plano (N30°E-40°NE).

4.1.2. LÍNEAS

La proyección estereográfica de una línea es un punto que se obtiene de la intersección entre el plano de proyección y la recta que une el vértice de proyección con el punto de intersección de la línea que pasa por el centro de la esfera y el hemisferio inferior (Figura 4.5).

La orientación de una línea en el espacio está definida por su dirección y por un segundo ángulo que puede estar definido por:

- La inmersión de la línea.
- El cabeceo de la línea situada sobre un plano conocido.

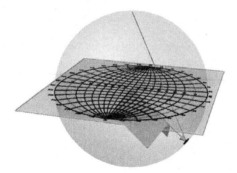

Figura 4.5. Proyección de una línea.

La orientación de una línea en el espacio está definida por su dirección y por un segundo ángulo que puede estar definido por:

- La inmersión de la línea.
- El cabeceo de la línea situada sobre un plano conocido.

4.1.2.1. PROYECCIÓN DE UNA LÍNEA ORIENTADA MEDIANTE DIRECCIÓN E INMERSIÓN

Para orientar una línea mediante su inmersión, se considera un plano vertical que contenga a dicha línea y a su proyección. La dirección de este plano vertical es la dirección de la línea y el ángulo que forman la línea y su proyección, es el ángulo de inmersión.

En las siguientes figuras (Figura 4.6 y Figura 4.7) se muestra un ejemplo del proceso de proyección de una línea orientada en el espacio mediante su dirección (N140ºE) y su ángulo de inmersión (60°) a partir de la falsilla de Wulff.

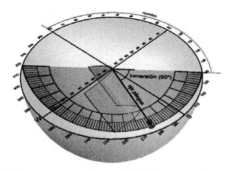

Figura 4.6. Línea en el espacio, de dirección (N140ºE) y ángulo de inmersión (60°).

1. Sobre la circunferencia primitiva del papel transparente se mide la dirección de la línea (Figura 4.7 a).
2. Se gira el papel transparente hasta que este valor coincida con uno de los ejes principales[6] (N-S o E-O) de la falsilla (Figura 4.7 b).
3. Se cuenta el ángulo de inmersión a lo largo del eje principal, desde la primitiva hacia el centro de la falsilla y posteriormente se marca el punto que representa la proyección de la línea (Figura 4.7 c).
4. Finalmente, se rota el papel transparente sobre la falsilla hasta que coincidan nuevamente los dos polos N (Figura 4.7 d) obteniendo así, la proyección estereográfica de la línea (un punto).

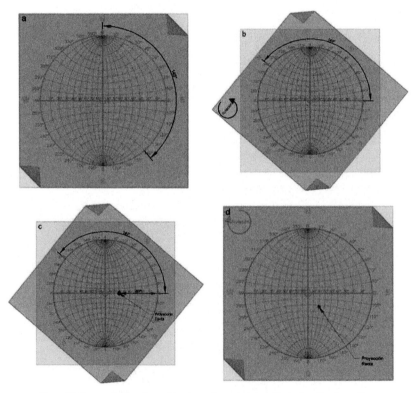

Figura 4.7. Representación estereográfica de una línea orientada mediante dirección e inmersión.

---

[6] Si se utiliza la falsilla de Schmidt, se giraría únicamente sobre el eje E-W.

4.1.2.2. PROYECCIÓN DE UNA LÍNEA ORIENTADA MEDIANTE DIRECCIÓN Y CABECEO SOBRE UN PLANO CONOCIDO

Para orientar una línea contenida en un plano (tales como estrías en un plano de falla), se debe medir la posición en el espacio de dicho plano y la inclinación de la línea medida sobre el plano de falla (cabeceo de la línea). El valor del ángulo de cabeceo puede variar desde cero cuando la línea es horizontal, hasta 90° cuando se mide paralelamente al sentido de buzamiento del plano. Es por ello que, para describir correctamente el cabeceo, se hace necesario dar el valor del ángulo y su sentido, así como la orientación del plano en el que se ha medido.

Las siguientes figuras (Figura 4.8 y Figura 4.9) muestran, a través de un ejemplo, el proceso de proyección de un plano de falla y el cabeceo de una familia de estrías que aparecen en dicho plano. El plano de falla está orientado N20°E-40°SE y la estría tiene un cabeceo de 30°S medido sobre el plano de falla.

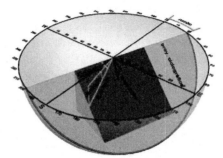

Figura 4.8. Familia de estrías sobre plano de falla. Orientación del plano (N20°E-40°SE) y cabeceo de estrías (30°S).

1. Se realiza la representación de la proyección ciclográfica del plano medido; como ya se ha indicado anteriormente.

2. Sobre el círculo mayor que representa el plano, se lleva el ángulo de cabeceo de la línea considerando su sentido y contando desde un extremo (polo) (Figura 4.9 a).

3. Finalmente, se rota el papel transparente sobre la falsilla hasta que coincidan nuevamente los dos polos N, obteniendo el punto que representará la orientación de la línea (Figura 4.9 b).

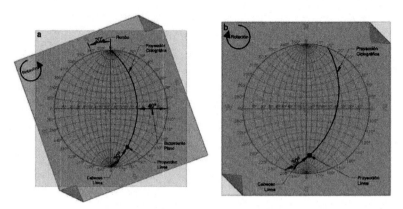

Figura 4.9. Representación estereográfica de una línea orientada mediante inclinación y cabeceo.

De la misma manera se puede resolver el problema inverso, es decir, a partir de la proyección estereográfica de una estría (línea) contenida en un plano de falla, se puede calcular el ángulo de cabeceo de la estría con respecto a la falla. Para ello, en la Figura 4.10, se representa el proceso de cálculo del ángulo de cabeceo de una línea contenida en un plano N60ºE-30ºSE.

1. Se gira el papel transparente hasta hacer coincidir el plano (proyección ciclográfica) con un círculo mayor de la falsilla (Figura 4.10 b).

2. Tomando como base uno de los polos (N o S), en función del cuadrante en el que se ubique la línea, se realiza el conteo del ángulo de cabeceo de la línea (50º) contenida en el plano, apoyándose en los círculos menores de la falsilla. De forma simultánea, se puede calcular la dirección y la inmersión de la línea; esta última previa rotación del papel transparente hasta que la proyección estereográfica de la línea coincida con uno de los ejes principales de la falsilla (N-S o E-O).

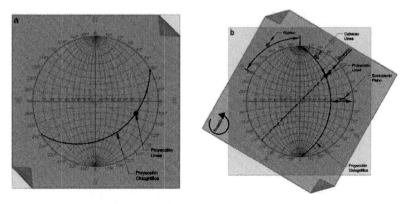

Figura 4.10. Cálculo del ángulo de cabeceo de una línea contenida en un plano.

4.1.3. DIRECCIÓN Y BUZAMIENTO REAL DE UN PLANO A PARTIR DE DOS DIRECCIONES DE BUZAMIENTOS APARENTES

Como se ha indicado en el apartado 2.1.1, el **buzamiento real** de una estructura plana queda definido por el ángulo que la línea de máxima pendiente forma con la horizontal, mientras que el **buzamiento aparente** queda representado por el ángulo medido sobre un plano vertical no perpendicular a la dirección de capa. Éste a su vez, depende de dos factores (Figura 4.11):

i   Del ángulo de buzamiento real.

ii   Del ángulo formado por la sección plana de corte (muro) y la dirección de la capa o rumbo.

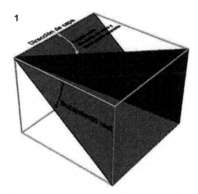

Figura 4.11. Buzamiento real y aparente.

Un ejemplo práctico de cálculo (Figura 4.12 y Figura 4.13) consiste en la medición de dos direcciones de buzamientos aparentes de un estrato en sendos taludes de cuneta de una carretera (Muro 1 y Muro 2). Estas mediciones permitirán calcular la dirección y el buzamiento real del estrato.

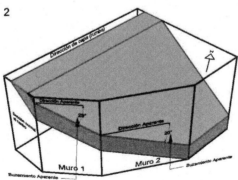

Figura 4.12. Medición de buzamientos aparentes.

1. En cada muro se miden la dirección (N80ºEy N60ºE) y el buzamiento aparente asociado al estrato (29ºSE y 21ºSE respectivamente), para posteriormente realizar la representación estereográfica de los planos (muros) y de las líneas (estratos) (Figura 4.13 a y b).
2. Se gira el papel transparente hasta hacer coincidir las dos líneas proyectadas (puntos) con un círculo mayor de la falsilla. Una vez encontrado, se mide el buzamiento real del estrato sobre el eje E-O de la falsilla (Figura 4.13 c).
3. Finalmente, se rota nuevamente el papel transparente sobre la falsilla hasta que coincidan los dos polos N; para así poder calcular la dirección de buzamiento real asociada al estrato (Figura 4.13 d).

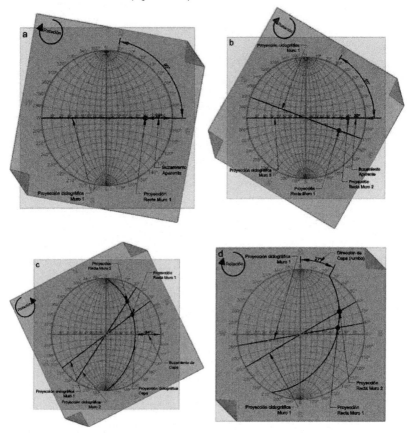

Figura 4.13. Cálculo de la dirección y buzamiento real de un plano a partir de dos direcciones de buzamiento aparentes.

4.1.4. LINEA DE INTERSECCIÓN ENTRE DOS PLANOS

La intersección de dos planos siempre es una recta común a ambos planos. En proyección estereográfica la recta intersección queda representada por el punto de corte de los dos círculos mayores correspondientes a las proyecciones ciclográficas de los planos.

Un ejemplo práctico de cálculo (Figura 4.14) consiste en la determinación de la inmersión y de la dirección de inmersión (orientación) de la recta intersección de los flancos (línea de charnela o bisagra) de un pliegue.

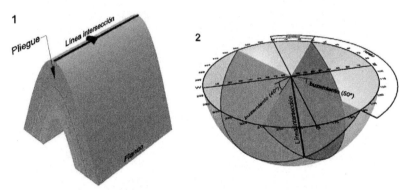

Figura 4.14. Línea intersección de dos planos.

1. Se representan las proyecciones ciclográficas de los planos (N30ºE-50ºNE y N150ºE-40ºSO) determinados por los flancos del pliegue (Figura 4.15 a y b).

2. El punto de intersección de las proyecciones ciclográficas representa la línea de intersección de los planos. Para medir la inmersión de la línea de intersección se rota el papel transparente sobre la falsilla hasta que el punto coincida con el eje E-O, y posteriormente se cuenta el ángulo (E186ºS) desde la primitiva hacia el centro de la falsilla (Figura 4.15 c).

3. Finalmente, para visualizar la dirección de inmersión (26º) se gira el papel transparente hasta hacer coincidir el polo N del papel transparente con el de la falsilla (Figura 4.15 d).

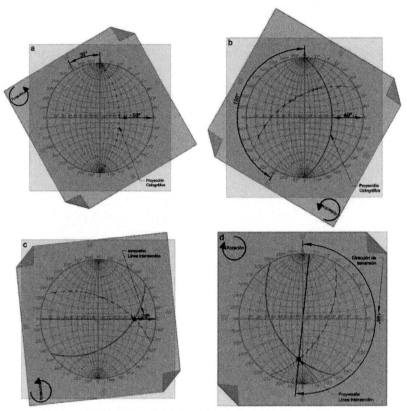

Figura 4.15. Cálculo de la línea de intersección entre dos planos.

4.1.5. PLANO DETERMINADO POR DOS LÍNEAS Y ÁNGULO ENTRE AMBAS

Es posible trazar un plano que contenga a dos líneas rectas con diferentes orientaciones siempre y cuando cumplan con la condición de compartir un punto en común.

Un ejemplo de este supuesto consiste en la determinación del plano axial de un pliegue a partir de la medición de la línea de charnela sobre dos secciones que no son perpendiculares al eje del pliegue (Figura 4.16 y Figura 4.17).

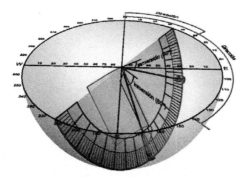

Figura 4.16. Plano definido por dos líneas.

1. Se proyectan las dos líneas de charnela (Figura 4.17 a y b) a partir de sus ángulos y direcciones de inmersión (60°-N140°E y 30°-N50°E).

2. Se rota el papel transparente sobre la falsilla en busca del círculo mayor (plano axial del pliegue) que pasa por los dos puntos de las líneas proyectadas. Una vez encontrado y apoyándose en los círculos menores de la falsilla, se podrá medir el ángulo que forman las líneas de charnela (64°) y el ángulo de buzamiento del plano axial sobre el eje E-O de la falsilla (Figura 4.17 c).

4. Finalmente, para calcular la dirección de buzamiento del plano axial del pliegue (32°) se gira el papel transparente hasta hacer coincidir el polo N del papel transparente con el de la falsilla (Figura 4.17 d).

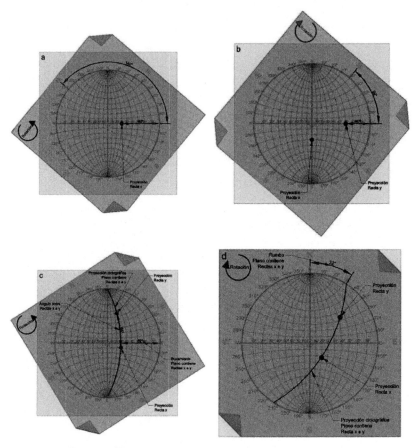

Figura 4.17. Cálculo de un plano definido por dos líneas y el ángulo entre ambas.

4.1.6. DETERMINACIÓN DE ÁNGULOS ENTRE PLANOS

Dos planos no perpendiculares que se cruzan o intersectan entre sí, forman un sistema de ángulos compuestos (agudos y obtusos) en donde su relación angular dependerá de la sección transversal en la que la midan. La consideración de un plano auxiliar perpendicular a la recta común a dichos planos (su línea de intersección) permitirá determinar el ángulo diedro de los mismos.

Un caso práctico de este supuesto se encuentra en el cálculo de ángulos entre los flancos de los pliegues y el ángulo de discordancia entre dos secuencias de sedimentos. Existen dos métodos que permitirán acometer la resolución de dicho supuesto mediante proyección estereográfica.

- Método de los círculos mayores.
- Método de los polos de los planos.

La Figura 4.19 presenta la solución estereográfica mediante el método que utiliza los **círculos mayores** de la falsilla cuyo esquema se representa en la Figura 4.18.

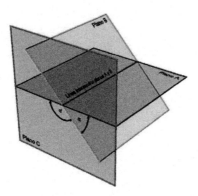

Figura 4.18. Representación del ángulo determinado por dos planos mediante el método de los círculos mayores.

1. Se proyectan las ciclográficas (Figura 4.19 a) de los dos planos *A* y *B* (N50E-20ºSE-N30E-40ºSE).

2. Se rota el papel transparente hasta que el punto correspondiente a la recta intersección a ambos planos coincida con el eje E-O de la falsilla. A continuación se cuenta sobre dicho eje un ángulo de 90º desde la primitiva hacia el centro de la falsilla y se traza la ciclográfica correspondiente al plano auxiliar perpendicular (plano *C*). Posteriormente, se mide el ángulo diedro agudo α (21º) y su suplementario (obtuso) α' (159º) apoyándose en el círculo mayor correspondiente a la ciclográfica del plano *C*, así como el ángulo de buzamiento asociado (78º) a éste último (Figura 4.19 b).

3. Finalmente, se calcula la dirección de buzamiento del plano auxiliar perpendicular (106º) girando el papel transparente hasta hacer coincidir el polo N del transparente con el de la falsilla (Figura 4.19 c).

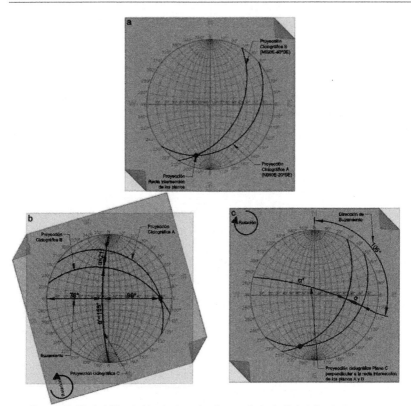

Figura 4.19. Cálculo del ángulo determinado por dos planos mediante el método de los círculos mayores.

Una variante del anterior supuesto consistiría en tomar un plano auxiliar no perpendicular (sección oblicua) a la línea de intersección de los planos *A* y *B*. En este caso el ángulo obtenido β será diferente al ángulo diedro α, tal y como muestra la Figura 4.20.

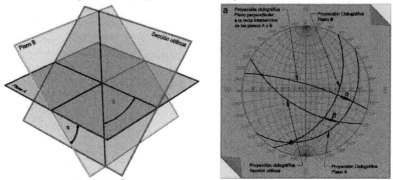

Figura 4.20. Ángulo formado por dos planos a partir de un plano auxiliar.

El otro método consiste en utilizar los **polos de los planos** *A* y *B* para calcular el ángulo diedro. Este método alternativo considera que el ángulo diedro *α* existente entre los planos *A* y *B* es igual al ángulo que forman las normales de dichos planos (Figura 4.21).

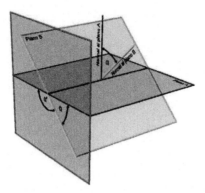

Figura 4.21. Representación del ángulo determinado por dos planos mediante el método de los polos.

1. Se proyectan los polos de los planos *A* y *B* (Figura 4.22 a).
2. Se rota el papel transparente sobre la falsilla en busca del círculo mayor (plano auxiliar perpendicular) que contiene a los dos polos de los planos *A* y *B*, y sobre él se mide el ángulo diedro *α* (Figura 4.22 b).
3. Finalmente, se gira el papel transparente hasta hacer coincidir el polo N del papel transparente con el de la falsilla (Figura 4.22 c).

Cabe destacar que, el hecho de que la orientación de los planos A y B con respecto a la de sus polos no sea la misma, afectará a la lectura de los datos proyectados.

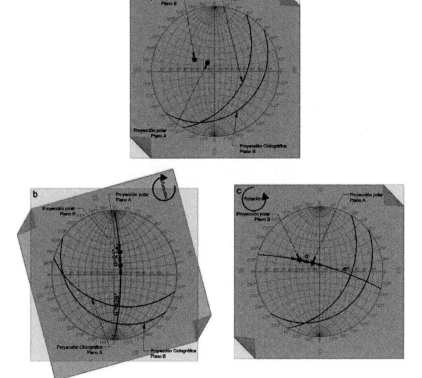

Figura 4.22. Cálculo del ángulo entre dos planos empleando el método de los polos.

4.1.7. PLANO BISECTOR DE DOS PLANOS

Para determinar el plano bisector de dos planos (*A* y *B*) que intersectan, se considera un plano auxiliar (plano *C*) perpendicular a la línea de intersección de los dos planos (línea *l*). La intersección del plano bisector con el plano auxiliar dará lugar a una línea que bisecta el ángulo diedro formado por las trazas de los planos *A* y *B* en su intersección con el plano auxiliar.

Una aplicación práctica de este caso supondría el cálculo del plano axial de un pliegue. Para ello, existen dos métodos de cálculo mediante proyección estereográfica:

- Método de los círculos mayores.
- Método de los polos de los planos.

La (Figura 4.23 y Figura 4.24) representa la solución estereográfica mediante el método de **círculos mayores**.

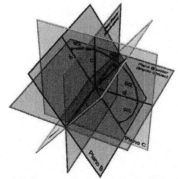

Figura 4.23. Representación del plano bisector de dos planos.

1. Se proyectan las ciclográficas de los dos planos *A* y *B* (Figura 4.24 a).

2. Se rota el papel transparente hasta que el punto correspondiente a la recta intersección de los planos *A* y *B* (recta *I*) coincida con el eje E-O de la falsilla, y desde la primitiva hacia su centro se cuenta un ángulo de 90° para luego trazar la ciclográfica correspondiente al plano auxiliar perpendicular a la recta intersección (plano *C*). A continuación se mide a lo largo de dicha ciclográfica, el ángulo diedro agudo *α* y su suplementario *β* (obtuso) correspondiente a las trazas de los planos *A* y *B* con el plano *C*, para posteriormente medir los ángulos *α*/2 y *β*/2 que bisectan a ambos sistemas de planos (Figura 4.24 b).

3. Se calcula el plano bisector que pasa por la recta intersección de los planos *A* y *B* y por el punto que determina el ángulo diedro agudo *α*/2 que bisecta los flancos *c* a partir de su alineación con un círculo mayor de la falsilla (Figura 4.24 c).

4. De la misma forma que en el paso anterior, se obtiene el plano bisector correspondiente, esta vez, al punto que determina el ángulo diedro obtuso *β*/2 del sistema de planos *d* (Figura 4.24 d).

5. Finalmente, se gira el papel transparente hasta hacer coincidir el polo N del papel transparente con el de la falsilla (Figura 4.24 e).

Destacar que los planos bisectores calculados (ángulo agudo y ángulo obtuso) son perpendiculares entre sí.

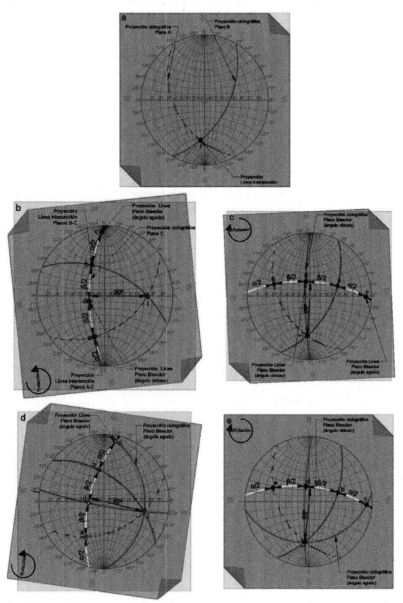

Figura 4.24. Determinación del plano bisector de dos planos a partir del método de los círculos mayores.

El otro método consiste en utilizar los **polos de los planos** *A* y *B* (Figura 4.25 y Figura 4.26).

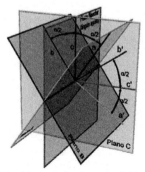

Figura 4.25. Representación del plano bisector de dos planos a partir del método de los polos de los planos.

1. Se proyectan los polos de los planos *A* y *B* (Figura 4.26 a).

2. Se rota el papel transparente sobre la falsilla buscando el círculo mayor (plano *C*) que contiene a los polos de los planos *A* y *B* (*a'* y '*b*), y sobre él se mide el ángulo diedro agudo *α* y su suplementario *β* (obtuso). El punto medio del ángulo agudo *β*/2 entre los polos *a'* y *b'* corresponde al polo del plano que bisecta el ángulo obtuso *d'*, mientras que el punto medio del ángulo obtuso *α*/2 corresponde al polo del plano *c'* que bisecta el ángulo agudo, debido a que los planos y sus polos están rotados entre sí 90° (Figura 4.26 b).

3. Finalmente, se gira el papel transparente hasta hacer coincidir el polo N del papel transparente con el de la falsilla (Figura 4.26 c).

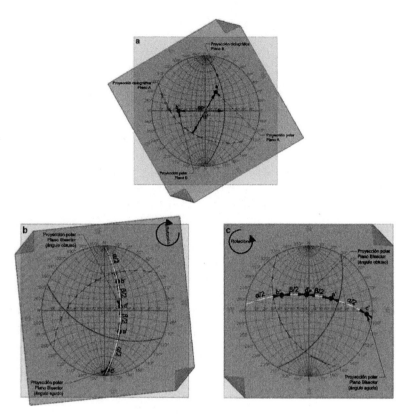

Figura 4.26. Determinación del plano bisector de dos planos a partir del método de los polos de los planos.

4.1.8. PROYECCIÓN DE UNA LÍNEA SOBRE UN PLANO

La proyección de una línea sobre un plano al que intersecta, resulta de utilidad cuando se quiere calcular, tanto la orientación de máximo esfuerzo compresivo en una falla en la que se conoce su plano y su estría, como la orientación de una lineación de estiramiento cuando ésta ha sido medida en dos secciones aparentes.

En las Figura 4.27 y Figura 4.28 se muestra el procedimiento de cálculo.

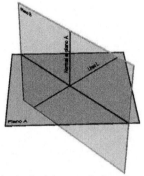

Figura 4.27. Determinación de la proyección de una línea sobre un plano.

1. Se proyectan la ciclográfica del plano *A* y su correspondiente polo *a* y la recta *l* (Figura 4.28 a).

2. Se rota el papel transparente sobre la falsilla buscando el círculo mayor (plano *B*) que contiene al polo del plano *A* y a la recta *l*. De la intersección de los planos *A* y *B* se obtiene la línea *l'*, correspondiente a la proyección de la línea *l* sobre el plano *A* (Figura 4.28 b).

3. Finalmente, se gira el papel transparente hasta hacer coincidir el polo N del papel transparente con el de falsilla (Figura 4.28 c).

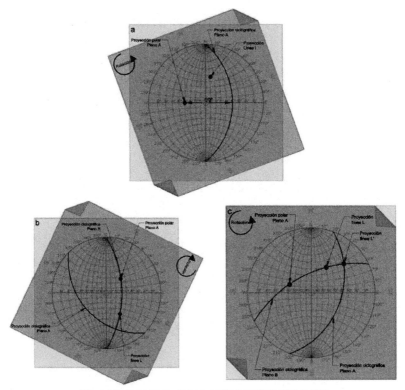

Figura 4.28. Determinación de la proyección de una línea sobre un plano.

4.1.9. ROTACIONES DE ELEMENTOS ESTRUCTURALES

Existen dos procedimientos básicos para llevar a cabo rotaciones de elementos estructurales (líneas y/o los polos de los planos):

- Rotación alrededor de un eje vertical.- la inmersión del eje es de 90º.
- Rotación alrededor de un eje horizontal.- la inmersión del eje es de 0º

Además de un tercer procedimiento derivado de la combinación de los procedimientos anteriores:

- Rotación alrededor de un eje inclinado.- la inmersión del eje se sitúa entre 0º y 90º.

4.1.9.1. SOBRE EJES VERTICALES

En este procedimiento el eje de rotación se corresponde con un eje vertical que pasa por el centro de la falsilla. La rotación de una línea (punto) alrededor de dicho eje se produce a lo largo de un círculo menor que es coaxial[7] con la primitiva. Este círculo menor no se corresponde con los círculos menores representados en la falsilla.

Las Figura 4.29 y Figura 4.30 muestras la representación estereográfica y el cálculo de la rotación de una línea sobre un eje vertical.

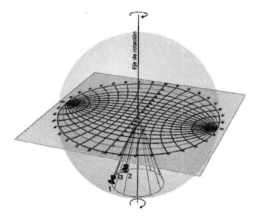

Figura 4.29. Representación de la rotación de elementos estructurales según un eje vertical.

1. Se proyecta la línea *1* según su inmersión y dirección de inmersión (Figura 4.30 a).
2. A partir de la dirección de inmersión de la línea se gira sobre la circunferencia primitiva un determinado ángulo de rotación *α* en el sentido indicado, para a continuación representar la línea rotada *2* (Figura 4.30 b).

Esta línea tendrá una nueva orientación después del giro, de forma que varía su dirección de inmersión, pero su ángulo de inmersión permanece constante.

---

[7] Que comparte el mismo eje de rotación.

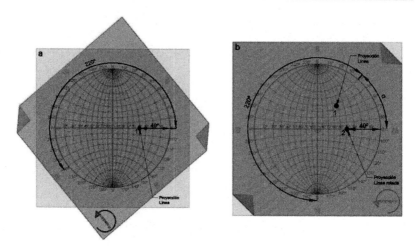

Figura 4.30. Determinación de la rotación de elementos estructurales según un eje vertical.

4.1.9.2. SOBRE EJES HORIZONTALES

La rotación de una línea o un plano (representado mediante su normal) alrededor de un eje horizontal describen un cono en el espacio cuyo eje horizontal se corresponde con el eje de rotación. Este eje está, por lo tanto, situado sobre la circunferencia primitiva en cualquiera de los polos norte o sur de la falsilla (Figura 4.31).

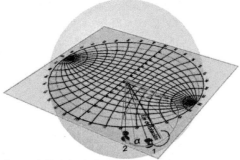

Figura 4.31. Representación de la rotación de elementos estructurales según un eje horizontal.

El cono se proyecta en la falsilla como un círculo menor definido por el ángulo y el sentido de rotación (horario o antihorario). En ocasiones, un elevado ángulo de rotación, implicará el cambio de hemisferio (en el extremo diametralmente opuesto del estereograma) del elemento estructural proyectado.

1. Se proyecta la línea *1* y el eje sobre el que se realizará la rotación de la misma y se gira la dirección del eje de rotación hasta el eje N-S de la falsilla (Figura 4.32 a).

2. Finalmente, se rota la línea 2 sobre el círculo menor de la falsilla y según el sentido de rotación deseado (Figura 4.32 b).
3. En la Figura 4.32 c se muestra un ejemplo de la rotación de una línea alrededor de un eje de rotación en un ángulo 360º; obsérvese como en su rotación, la proyección de la recta cambia de hemisferio.

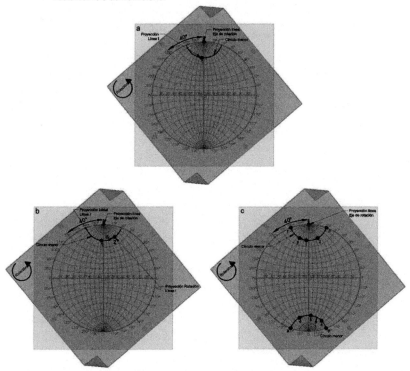

Figura 4.32. Determinación de la rotación de elementos estructurales según un eje horizontal.

4.1.9.3. SOBRE EJES INCLINADOS

Las rotaciones de una línea o un plano alrededor de un eje inclinado suponen un cambio completo en la orientación inicial de los mismos. Esta rotación definida por un cono, quedará representada como un círculo menor en proyección estereográfica. Aunque es posible realizar su representación directamente sobre el estereograma, su visualización resulta compleja, siendo por ello aconsejable la representación de la rotación por mediación de un proceso que consta de tres giros (Figura 4.33 y Figura 4.34).

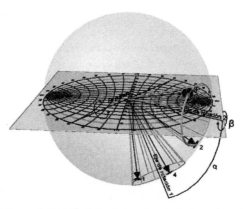

Figura 4.33. Representación de la rotación de elementos estructurales según un eje inclinado.

1. Se representa la línea a rotar (posición *1*) y los ejes de inclinación y de rotación *1*. Cabe destacar que el eje de inclinación es perpendicular a la dirección de inmersión del eje de rotación *1* (Figura 4.34 a).

2. Se gira el eje de rotación *1* hasta la horizontal alrededor del eje de inclinación (eje de rotación *2*). Para ello, se coloca el eje de rotación *1* sobre el eje E-O de la falsilla y se desplaza un ángulo *α* hasta la primitiva (eje de rotación *2*). Todos los elementos estructurales existentes en el estereograma (recta posición *1*), rotarán los mismos grados *α* y en el mismo sentido a lo largo de su círculo menor, para mantener las relaciones angulares entre ellos (posición *2*) (Figura 4.34 b).

3. Se gira el eje de rotación *2* a la posición N-S de la falsilla y se rota la recta *2* un ángulo *β* en el sentido deseado sobre los círculos menores de la falsilla (posición *3*) (Figura 4.34 c).

4. El eje de rotación *2* se rota nuevamente a su posición inclinada original (eje de rotación *1*) sobre el eje E-O, y una vez más, todos los elementos proyectados (posición *3*) se mueven los mismos grados *α* y en el sentido contrario a lo largo de sus círculos menores (posición *4*) (Figura 4.34 d).

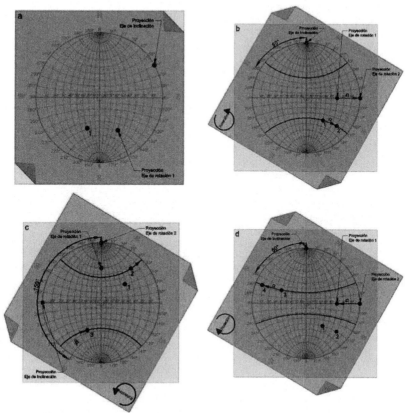

Figura 4.34. Determinación de la rotación de elementos estructurales según un eje inclinado.

4.2. Aplicaciones en geología estructural

4.2.1. ANÁLISIS DE PLIEGUES

El empleo de la proyección estereográfica para representar elementos tales como flancos del pliegue, líneas de charnela o planos axiales resulta muy útil por su facilidad para obtener las relaciones angulares entre estos elementos. Además, cuando existe superposición de diversas fases de plegamiento y/o el número de pliegues a representar es elevado, la proyección estereográfica se constituye en la mejor técnica posible (Babín-Vich & Gómez-Ortiz, 2010).

4.2.1.1. PROPIEDADES GEOMÉTRICAS

La gran diversidad de formas que pueden llegar a presentar los sistemas de plegamiento en la naturaleza (apartado 2.3.1), suponen una gran dificultad a la hora de describir su geometría tridimensional.

Sin embargo, la proyección estereográfica permite simplificar su análisis mediante el estudio de las orientaciones de los distintos elementos que intervienen en la caracterización de los pliegues, que junto con su forma, definen completamente el pliegue (Figura 4.35).

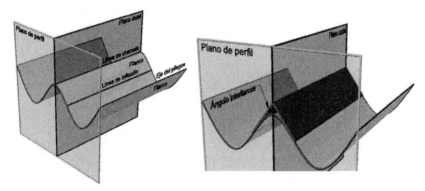

Figura 4.35. Representación esquemática de pliegues.

Para orientar en el espacio los planos correspondientes a los flancos y a la superficie axial del pliegue, se mide (en el campo) la dirección y el buzamiento, o el sentido de buzamiento y el buzamiento, como se hace con cualquier plano. Una vez conocidas las orientaciones de los anteriores elementos geométricos, se puede definir perfectamente el pliegue.

Por otra parte, la orientación en el espacio de la charnela[8], viene definida o por la dirección e inmersión o por la dirección y el cabeceo sobre el plano axial del pliegue.

4.2.1.2. ESTUDIO DE FORMAS

Al margen de la heterogeneidad de formas que puede adoptar la topografía de un terreno y que son observables en los distintos diseños de corte obtenidos para un mismo pliegue, son dos las principales formas en las que se pueden clasificar las estructuras plegadas (apartado 2.3.1) (Figura 4.36):

- Pliegues cilíndricos.
- Pliegues no cilíndricos.

---

[8] En un pliegue cilíndrico, la línea de charnela y el eje del pliegue tendrán la misma orientación.

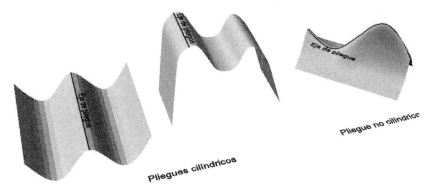

Figura 4.36. Clasificación de los pliegues por su forma.

En el caso de los *pliegues cilíndricos* si se divide su superficie en porciones, cada una de ellas contiene una línea que es paralela al eje del pliegue. De la misma forma, dos planos tangentes a la superficie plegada, se cortarán según una línea paralela al eje del pliegue. En cambio, en los *pliegues no cilíndricos*, tanto el plano axial como el eje que definen el pliegue cambian de orientación a lo largo del mismo (Figura 4.37).

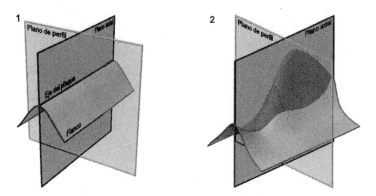

Figura 4.37. Pliegue cilíndrico y no cilíndrico.

Aunque conceptualmente no resulte complicada la identificación de ambas formas, en la práctica, los pliegues reales no son perfectamente cilíndricos. Sin embargo, muchos pliegues son lo suficientemente cilíndricos como para clasificarlos como tales.

En la proyección estereográfica esta clasificación se lleva a cabo representando en un **diagrama de polos** o *diagrama π* todas las medidas obtenidas en el campo de los planos tangentes al pliegue. Si se puede encontrar un círculo mayor del estereograma que se ajuste o aproxime a los polos de estos planos el pliegue se considera cilíndrico y el polo correspondiente al círculo mayor así obtenido será la orientación del eje del pliegue/línea de charnela (Figura 4.38).

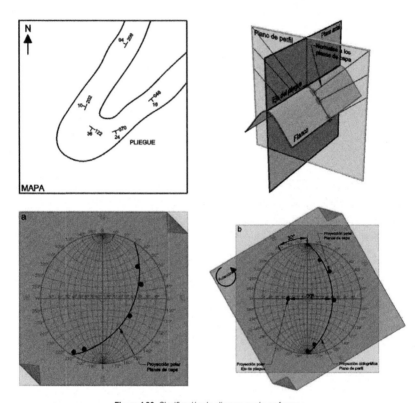

Figura 4.38. Clasificación de pliegues según su forma.

Cabe destacar que la representación de los polos (flancos) sobre el estereograma permite obtener otras características de los pliegues como su *apertura* (ángulo interflancos), *curvatura* y/o *asimetría* (Figura 4.39).

Curvatura

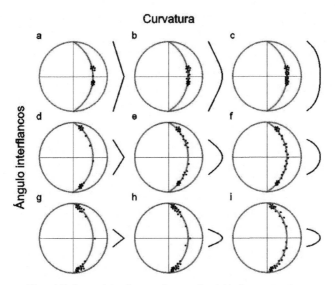

Figura 4.39. Formas de los pliegues en base a su ángulo interflancos y curvatura.

- **Apertura**.- Viene determinada por el ángulo que forman los flancos del pliegue. Su valor permite establecer la siguiente clasificación (Lisle & Leyshon, 2004):

  i   Suaves.- ángulo entre flancos de 180° a 120°.

  ii   abiertos.- ángulo entre flancos de 120° a 70°.

  iii   cerrados.- ángulo entre flancos de 70° a 30°.

  iv   apretados.- ángulo entre flancos de 30° a 0°.

  v   isoclinales.- ángulo entre flancos de 0°.

  Hay que indicar que los estereogramas resultantes de estructuras abiertas muestran un grado más bajo de extensión de polos que los más cerrados.

- **Curvatura**.- Los estereogramas muestran agrupamientos de polos más precisos en pliegues con muy poca curvatura y más difusos en los de mayor curvatura.

- **Asimetría**.- Si los pliegues son asimétricos los dos flancos tienen longitud desigual por lo que los agrupamientos de polos mostrarán distinta densidad. En la Figura 4.38 todos los pliegues son simétricos.

Desafortunadamente existen otros factores que influyen en la distribución de los polos dentro del círculo máximo, en particular la propagación de errores derivados de la distribución de los sitios de muestreo en las mediciones de las capas del pliegue. Es por ello que se recomienda una cierta prudencia a la hora de interpretar las formas de los pliegues que se deducen de los estereogramas.

4.2.1.3. CÁLCULO DE LA ORIENTACIÓN

Es muy frecuente encontrar pliegues cuya escala de afloramiento y disposición tridimensional permiten medir, mediante brújulas dotadas de clinómetro (apartado 2.1.3), las propiedades de sus características geométricas. Pero existen otros cuyo afloramiento es muy superior a la escala de trabajo. En este caso se puede emplear la proyección estereográfica para la estimación de la orientación del eje del pliegue y del plano axial.

Orientación de la línea de charnela del pliegue

En ocasiones, existe algún relieve local que muestra la exposición tridimensional del pliegue, pudiendo entonces medir directamente la orientación de la línea de charnela.

En caso contrario, se hace necesaria la medición en campo de las superficies de estratificación (dirección y buzamiento) correspondientes a los dos flancos, con un mínimo de una medida de cada flanco. Estos planos se cortarán en un punto que representa su línea de corte, correspondiéndose ésta con la línea de charnela del pliegue (Figura 4.40).

Por último indicar que es posible medir su dirección, inmersión y/o cabeceo sobre cada uno de los planos de estratificación proyectados.

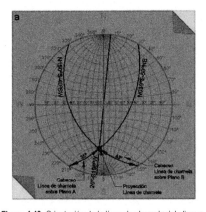

Figura 4.40. Orientación de la línea de chamela del pliegue.

Orientación del plano axial del pliegue

Para orientar el plano axial del pliegue en el espacio, y dado que éste contiene a la línea de charnela, es necesario conocer una segunda línea que permita dicha orientación.

Si este dato no se puede obtener del afloramiento, se supone, aunque no siempre es cierto, que el plano axial es el plano bisector del ángulo formado por los dos flancos del pliegue (ángulo interflancos). Por lo tano, conocido este ángulo y su punto medio, el plano axial será aquel que contenga a la línea de charnela y a este punto medio (Figura 4.41).

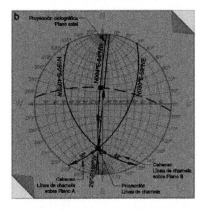

Figura 4.41. Orientación del plano axial del pliegue.

Estas orientaciones (inmersión de la línea de charnela tabla 4.1, buzamiento del plano axial tabla 4.2) permiten describir, comparar, agrupar y en definitiva clasificar[9] (Lisle & Leyshon, 2004) conjuntos de pliegues desarrollados bajo similares condiciones de deformación.

Tabla 4.1. Clasificación basada en la inmersión de la línea de charnela.

Inmersión	Clasificación	Estereograma en figura 4.42
0-10°	Sin inmersión	1, 2, 3, 4
10°		
	Inmersión suave	
30°		5, 6, 7
	Inmersión moderada	
60°		8, 9
	Inmersión escarpada	
80°		
80°-90°	Pliegue vertical	10

Tabla 4.2. Clasificación basada en el buzamiento del plano axial.

Buzamiento	Clasificación	Estereograma en figura 4.47
0-10°	Reclinado	4
10°		
	Inclinación suave	
30°		3, 7
	Inclinación moderada	
60°		2, 6, 9
	Inclinación escarpada	
80°		
80°-90°	Inclinación recta	1, 5, 8, 10

---

[9] independiente a la curvatura y al ángulo interflancos.

Los siguientes estereogramas representan ejemplos de diferentes tipos de pliegues, en donde la orientación del plano axial está representado por la traza ciclográfica dispuesta a lo largo de un círculo mayor y que contiene a la proyección de la línea de charnela (Figura 4.42).

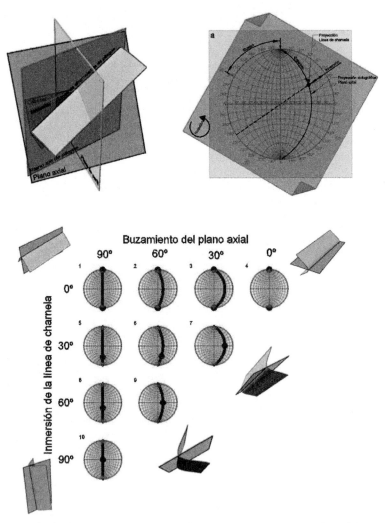

Figura 4.42. Clasificación de pliegues función de la inmersión de la línea de charnela y del buzamiento del plano axial.

4.2.1.4. SUPERPOSICIÓN DE PLIEGUES

La geometría de las estructuras resultantes de la superposición de dos conjuntos de pliegues puede resultar compleja, y consecuentemente el análisis de estas estructuras depende en gran medida de métodos basados en la proyección estereográfica.

En el ejemplo de la Figura 4.45 se considera una primera generación de pliegues F_1 de la estratificación S_0 con diferentes orientaciones en cada uno de los flancos del pliegue $S_0(a)$ y $S_0(b)$. La línea de charnela de esta primera fase B_1^0 es la línea intersección de ambos flancos y la foliación desarrollada durante este plegamiento S_1, tiene la misma orientación que el plano axial del pliegue.

La segunda generación de pliegues F_2 presenta un plano axial S_2 definido según la orientación de sus flancos y puede ser de dos tipos:

i   Pliegues F_2 de la estratificación con una línea de charnela B_2^0.

ii   Pliegues F_2 de una foliación de plano axial desarrollados durante la fase F_1 con una línea de charnela B_2^1.

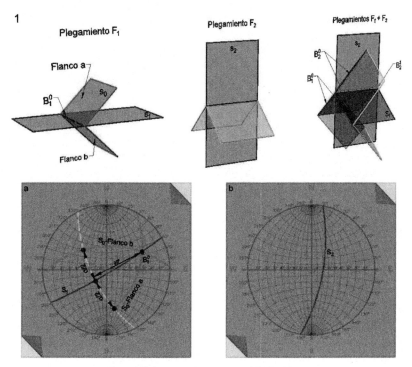

Figura 4.43. Representación de superposición de pliegues.

Se deben de tener en cuenta las siguientes características asociadas a la geometría:

- Superficies axiales.- S_1 se curva durante el plegamiento F_2, mientras que S_2 presenta una orientación constante. Esta característica permite distinguir las edades relativas de dos fases de plegamiento superpuestas.

- Líneas de charnela.- B_1^0 se curva durante el plegamiento F_2 y B_2^0, presenta una variedad de orientaciones dependiendo del flanco del pliegue de la primera fase en que se ha formado.

En la Figura 4.44 se representa la geometría final de B_1^0 y de la lineación L_1^0 junto con todas las lineaciones paralelas a ella y que han sido deformadas por F_2. Todas las lineaciones se reflejan en el estereograma como una acumulación de polos muy cercanos a un círculo mayor o a un círculo menor en función de las tensiones ocurridas durante la deformación F_2.

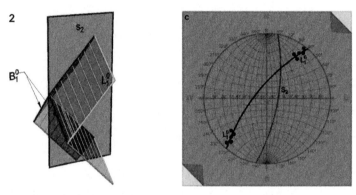

Figura 4.44. Geometrías finales de las primeras estructuras lineales formadas.

En la Figura 4.45 se representa la geometría final de las estructuras lineales formadas durante el segundo plegamiento denominadas B_2^0 y L_2^0. En este caso el estereograma muestra que dichas alineaciones son paralelas a las líneas de intersección de el plano axial S_2 y los primeros flancos de pliegues $S_0(a)$ y $S_0(b)$ formados en el paso previo a F_2.

Si bajo un único estereograma se proyectan todos los datos correspondientes a la anterior estructura polideformada, se obtendría una figura tremendamente compleja y difícil de analizar. Para reducir esta complejidad se recurre a los **dominios o sub-áreas**, en donde los elementos estructurales muestran una orientación constante que permita su representación en estereogramas separados.

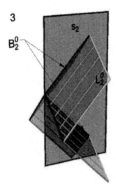

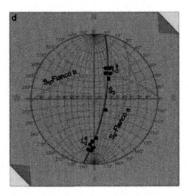

Figura 4.45. Geometrías finales de las segundas estructuras lineales formadas.

Con el fin de definir el **concepto de sub-áreas** en la Figura 4.46 se representa el mapa geológico de una estructura en el que se ha producido un primer plegamiento F_1.

Los pliegues así formados presentan planos axiales S_1 de dirección E-O y trazas axiales que dividen el área en dos sub-bandas que se corresponden con los flancos S_0 de los pliegues.

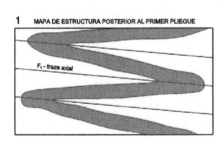

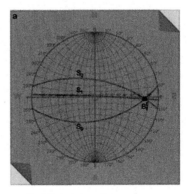

Figura 4.46. Concepto de sub-àreas. Representación del primer plegamiento.

Después del segundo plegamiento F_2 las unidades litológicas[10] aparecen replegadas como resultado de la superposición del conjunto de pliegues de las fases F_1 y F_2 (Figura 4.47).

Los pliegues F_2 presentan planos axiales S_2 con dirección N-S y trazas axiales que dividen a las anteriores sub-bandas en dos partes, obteniendo así cuatro dominios etiquetados en el mapa como I, II, III y IV.

---

[10] Superficies de estratificación, planos axiales y superficies de clivaje.

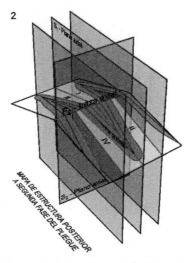

Figura 4.47. Concepto de sub-áreas. Representación del segundo plegamiento.

De la Figura 4.48 se deduce que el plano axial S_2 es constante a lo largo de toda la estructura, lo que da lugar a que los cuatro dominios sean *dominios homogéneos* con respecto a S_2.

Las líneas de charnela B_2^0 generadas en el segundo plegamiento F_2, poseen una orientación dada por la intersección de S_0 y S_2, lo que supone la existencia de dos dominios:

i   uno para las sub-áreas I y II
ii   otro para las sub-áreas III y IV

Los dominios para los restantes elementos estructurales se definen según la siguiente tabla:

Tabla 4.3. Dominios definidos según elemento estructural.

Elemento	Definido por	Nº dominios homogéneos/sub-áreas
S_2	Plano axial de F_2	1 / I, II, III, IV
B_2^1	Intersección de S_1 y S_2	1 / I, II, III, IV
B_2^0	Intersección de S_0 y S_2	2 / I, II y III, IV
S_1	Plano axial de F_1	2 / I, III y II, IV
B_1^0, L_0^1	Intersección de S_0 y S_1	2 / I, II y III, IV

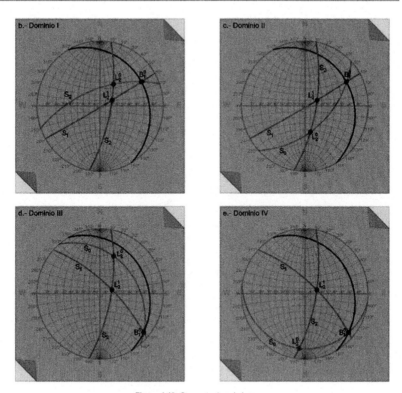

Figura 4.48. Concepto de sub-áreas.

4.2.2. ANÁLISIS DE FALLAS

Las fallas constituyen la deformación frágil más frecuente en Geología, y por tanto, al igual que en el caso de los pliegues, se trata de uno de los elementos más representados en Geología Estructural. La proyección estereográfica resulta muy útil a la hora de resolver los numerosos problemas asociados al estudio de fallas, especialmente en el caso de determinar la orientación de los ejes principales de esfuerzos, o en la obtención del ángulo de rotación asociado a una falla de tipo rotacional (Babín-Vich & Gómez-Ortiz, 2010).

4.2.2.1. CÁLCULO DEL DESPLAZAMIENTO NETO EN UNA FALLA TRASLACIONAL

Las fallas (apartado 2.3.2.) representan discontinuidades en las rocas a lo largo de las cuales existe un desplazamiento diferencial significativo denominado **desplazamiento neto** y en donde la intersección entre la roca cortada y el plano de falla se conoce como **línea cutoff**.

De las anteriores definiciones se deduce que el desplazamiento neto es el vector que mide la distancia en la superficie de la falla entre dos puntos originariamente adyacentes *p* y *p'*, situados en labios opuestos de la falla (Figura 4.49) y por tanto define el movimiento verdadero de la falla. Desde el punto de vista de Geología Estructural, este vector se considera una línea y, como tal, se orienta en el espacio mediante inmersión y dirección de inmersión o mediante el cabeceo sobre el plano de falla o sobre cualquiera de los planos conocidos desplazados por ella. Sin embargo, la proyección estereográfica no permite obtener su magnitud, por lo que es necesario acudir a la geometría descriptiva.

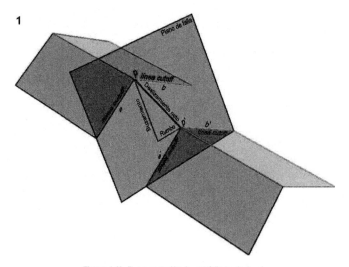

Figura 4.49. Representación de una falla traslacional.

En la Figura 4.50 se representa el cálculo del desplazamiento neto en una falla traslacional mediante el uso combinado de la proyección estereográfica y la geometría descriptiva.

1. Se representa el esquema del problema espacial dibujando las líneas cutoff correspondientes a los labios opuestos de las estructuras planas *a*, *b* y *a'*, *b'* y el plano de falla *X-Y* (Figura 4.50 a).

2. Se proyecta sobre el estereograma las trazas ciclográficas del plano de falla y de las estructuras planas y se gira el papel transparente hasta hacer coincidir la ciclográfica del plano de falla con el eje N-S de la falsilla. De esta forma se obtienen los ángulos de cabeceo (a partir de los círculos menores) de las líneas cutoff de los planos estructurales sobre el plano de falla (Figura 4.50 b).

3. Finalmente, se representa una sección paralela al plano de falla *X-Y*. La línea horizontal superior de esta sección representa a la línea de falla de la (Figura 4.50 a) y por tanto tendrá la misma longitud. Las líneas cutoff correspondientes a los labios

opuestos de los planos estructurales, se representan en la sección auxiliar a partir de los mismos puntos de corte que en la (Figura 4.50 a) pero con los ángulos de cabeceo anteriormente hallados (Figura 4.50 b). Las trazas que pasan por los puntos *a, b* y *a', b'* se cortan en los puntos *p* y *p'*, respectivamente. La línea *p-p'* define la magnitud, medida a escala, del desplazamiento neto (Figura 4.50 c).

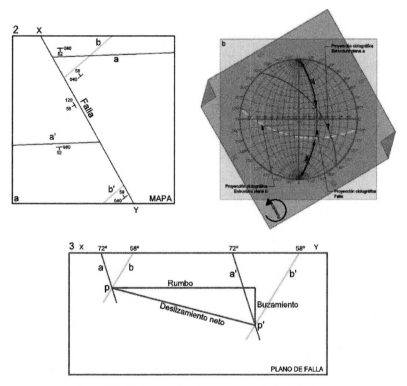

Figura 4.50. Cálculo del desplazamiento neto en una falla traslacional.

4.2.2.2. CÁLCULO DEL DESPLAZAMIENTO NETO EN UNA FALLA ROTACIONAL

En las fallas rotacionales o en tijera, los bloques rotan con respecto a un eje (polo de rotación), por lo que el mismo bloque estará levantado en una zona y hundido en la otra (apartado 2.3.2.).

El polo de rotación se corresponde con la línea perpendicular al plano de falla, lo que permite resolver, mediante la proyección estereográfica, todos los problemas relacionados con las fallas rotacionales, sin más que analizar rotaciones alrededor de ejes horizontales, verticales o inclinados.

Un ejemplo de estas aplicaciones es la determinación de la orientación y la magnitud del deslizamiento neto y la posición del polo de rotación de una falla rotacional que ha sufrido una rotación de 40° (Figura 4.51).

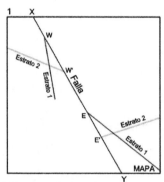

Figura 4.51. Representación de una falla rotacional de rotación 40°.

1. Se proyecta sobre el estereograma las trazas ciclográficas del plano de falla, las estructuras planas en su labio oeste denominadas *Estrato 1* y *Estrato 2* y todos los polos correspondientes *F*, *E1* y *E2*. A continuación se gira el papel transparente hasta hacer coincidir la ciclográfica del plano de falla con el eje N-S, y así poder medir los ángulos de cabeceo de las estructuras planas con respecto al plano de falla, contando desde un extremo o polo, es decir, desde la horizontal a partir de los círculos menores de la falsilla (Figura 4.53 b).

2. Se lleva el polo de rotación de falla *F* hasta la vertical (centro de la falsilla) mediante la rotación de un ángulo *α* obteniendo el polo *F'*. Los polos de los estratos también se rotan *α* grados y en el mismo sentido a lo largo de sus círculos menores que el polo de rotación de la falla (*E1'* y *E2'*) (Figura 4.53 c).

3. En esta posición el plano de falla se encuentra horizontal y su polo o polo de rotación es un eje vertical, de forma que se puede aplicar la rotación de 40° a las estructuras planas *E1'* y *E2'*, alrededor de ese eje vertical, en sentido de contrario a las agujas del reloj, obteniendo los nuevos polos de las estructuras planas *E1"* y *E2"* (Figura 4.53 d).

4. A continuación se lleva el polo de la falla a su posición original *F*, rotando el ángulo *α* alrededor del eje N-S de la ciclográfica del plano de falla (en el sentido contrario a lo largo de sus círculos menores). Al mismo tiempo y de igual manera, se rotan los polos *E1"* y *E2"* obteniendo *E1'''* y *E2'''* (Figura 4.53 e).

5. A partir de la nueva posición de los polos *E1'''* y *E2'''* se trazan las proyecciones ciclográficas de las estructuras planas en su labio este y se calculan los ángulos de cabeceo de estas estructuras planas con respecto al plano de falla (Figura 4.53 f).

6. Una vez calculados los ángulos de cabeceo de las estructuras planas de ambos labios oeste y este, se traza una construcción auxiliar en donde se representa un plano paralelo al plano de falla cuyo eje horizontal es de igual longitud que la línea de falla de la Figura 4.51. Sobre el plano paralelo se lleva toda la información asociada a las estructuras planas (ángulos de cabeceo y posición medida a partir de la Figura 4.51). La línea *p-p'*, resultante de la unión de las intersección de las estructuras planas en ambos labios de la falla, define la magnitud, medida a escala, del desplazamiento neto. Su orientación coincide con el cabeceo de la línea, medido en el plano de falla (Figura 4.53).

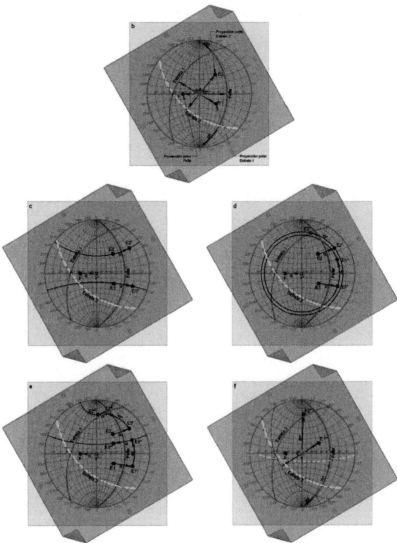

Figura 4.52. Cálculo del desplazamiento neto en una falla rotacional. Construcción estereográfica.

Hay que indicar que el polo de rotación de la falla P se encuentra situado en el bisector perpendicular a la línea de deslizamiento neto p-p', cuyo ángulo es el ángulo de rotación de la falla 40° (Figura 4.55).

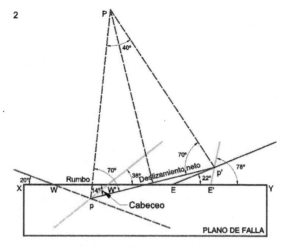

Figura 4.53. Cálculo del desplazamiento neto en una falla rotacional.

4.2.2.3. CÁLCULO DE LAS DIRECCIONES PRINCIPALES DE ESFUERZOS EN SISTEMAS DE FALLAS CONJUGADAS

Las fallas conjugadas son, en general, fallas contemporáneas que se han formado bajo unas condiciones de esfuerzos similares y cuya disposición es simétrica en relación con los ejes principales de los esfuerzos aplicados. La dirección de deslizamiento en cada falla del sistema conjugado, suele ser normal a la línea de intersección de las dos fallas (Figura 4.54).

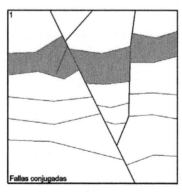

Figura 4.54. Representación esquemática de fallas conjugadas.

La disposición espacial, de las direcciones de los principales esfuerzos responsables de la formación de las fallas conjugadas, puede ser resuelta mediante la proyección estereográfica (Figura 4.55).

1. Se representan las proyecciones ciclográficas de cada unos de los planos de fallas conjugadas *1* y *2*. El punto de corte del estereograma σ_2 representa la línea de corte del sistema de fallas conjugadas. Se dibuja el plano perpendicular a σ_2, denominado plano de movimiento, y que contiene a los ejes de máximo y mínimo esfuerzo de compresión (σ_1, σ_3). Estos ejes, a su vez, se corresponden con las bisectrices del ángulo agudo y del ángulo obtuso, respectivamente. Destacar que los tres ejes principales de esfuerzos son perpendiculares entre sí.

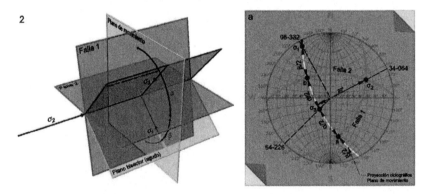

Figura 4.55. Direcciones principales de esfuerzos en sistemas de fallas conjugadas.

Otro método ampliamente utilizado en Geología Estructural para el cálculo de las de direcciones principales de esfuerzos en sistemas de fallas conjugadas, es el denominado de **método de los diedros rectos**.

El método consiste en trabajar con cada uno de los planos que definen la falla conjugada de forma independiente. Para ello, un plano de falla junto con un segundo plano perpendicular (plano auxiliar) a este plano de falla y por tanto, perpendicular a la dirección de desplazamiento, dividen una esfera en dos pares de cuadrantes (Figura 4.56). Según el sentido de desplazamiento de la falla, un par de cuadrantes define σ_1 (diedro en compresión) y el otro par de cuadrantes define σ_3 (diedro en extensión).

Desde el punto de vista de la proyección estereográfica, el método de los diedros rectos presenta la siguiente resolución (Figura 4.56).

1. Se representan, por separado, las proyecciones ciclográficas de los planos de falla con sus respectivos planos auxiliares y Fijándose en el sentido de movimiento de la

falla, se indica cuales son los cuadrantes correspondientes al diedro de comprensión σ_1 y al diedro de extensión σ_3 (Figura 4.56 a y Figura 4.56 b).

2. Finalmente, se superponen los estereogramas de cada una de las fallas representadas obteniendo las regiones en donde se sitúan los valores de estos dos ejes principales de esfuerzos (Figura 4.56 c)

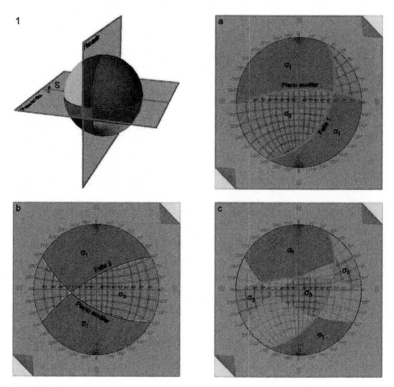

Figura 4.56. Direcciones principales de esfuerzos en sistemas de fallas conjugadas. Método de los diedros rectos.

4.2.3. ANÁLISIS CINEMÁTICO DE ROTURAS EN ROCA

4.2.3.1. TIPOS DE ROTURA

En el estudio de taludes excavados en macizos rocosos es fundamental el estudio de las discontinuidades existentes con el fin de analizar su inestabilidad y por tanto su posible desprendimiento.

La proyección estereográfica permite determinar, a partir de las orientaciones de los juegos de discontinuidades y del talud, el **tipo de rotura predominante**.

1. **Rotura plana**.- Siempre que exista alguna familia de discontinuidades de dirección similar a la del talud, pero con buzamiento menor que éste. La dirección del movimiento, tras producirse la rotura, será perpendicular a la dirección del talud y en el sentido de buzamiento del mismo (Figura 4.57).

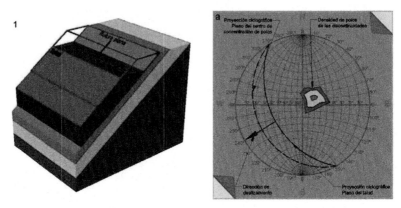

Figura 4.57. Representación de rotura en roca plana.

2. **Rotura en cuña**.- Si al representar la orientación del talud y de las diaclasas se observan dos familias de discontinuidades con direcciones oblicuas respecto a la dirección del talud, la posible rotura en cuña quedará comprendida entre las dos familias de discontinuidades. La dirección de avance de la cuña será la de la línea de intersección de ambos planos de discontinuidad, cuya inmersión y dirección se obtienen directamente de la representación estereográfica (Figura 4.58).

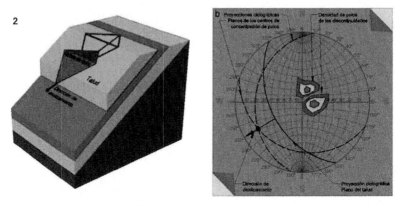

Figura 4.58. Representación de rotura en roca en cuña.

3. **Rotura con vuelco**.- Si existen dos familias de discontinuidades con direcciones subparalelas a las del talud, una de ellas con un buzamiento muy suave y en el mismo sentido que el talud y la otra con un gran buzamiento opuesto al del talud y ligeramente perpendicular al juego anterior, la primera familia delimitará los bloques rocosos y proporcionará la superficie sobre la que deslizarán o girarán los bloques en función del buzamiento que posean (Figura 4.59).

3

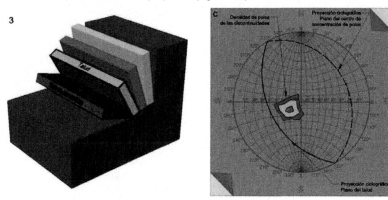

Figura 4.59. Representación de rotura en roca con vuelco.

4.2.3.2. ESTABILIDAD DEL PLANO DE FALLA. RESISTENCIA A LA FRICCIÓN

Para que se produzca el desplazamiento del macizo rocoso es necesario el desequilibrio de las fuerzas que actúan sobre él y que se dividen en:

iii   Fuerzas motrices.

iv   Fuerzas de fricción.

Las **fuerzas motrices** pueden tener múltiples orígenes como movimientos sísmicos, presión del agua almacenada en las capas subterráneas, presencia de fracturas e incluso pueden aparecer por la instalación de dispositivos de sostenimiento como puntales, bulones o anclajes.

Las **fuerzas de fricción** se producen en el plano de deslizamiento que genera la discontinuidad y dependen de la rugosidad de las superficies involucradas y del peso del macizo rocoso que actúa como una componente normal a la superficie de la discontinuidad.

De la anterior definición, se deduce que el deslizamiento del macizo rocoso se ve afectado por la inclinación de la discontinuidad. Cuando el ángulo de inclinación se incrementa, se produce una disminución en la resistencia al deslizamiento hasta alcanzar el ángulo denominado **ángulo crítico de fricción** Φ a partir del cual se produce el deslizamiento (Figura 4.60). Por tanto, si se puede estimar el valor del ángulo crítico de fricción, es posible determinar los planos de estabilidad de un macizo rocoso.

En la Figura 4.60 se observa como el ángulo crítico de fricción, que provoca el deslizamiento, posee una componente normal a la discontinuidad que al ser rotada 360° define el denominado **cono de fricción**. En él se encierran todas las normales a la superficie de discontinuidad con un ángulo de inclinación inferior al ángulo crítico, es decir, define los ángulos de inclinación para los que no se produce el deslizamiento.

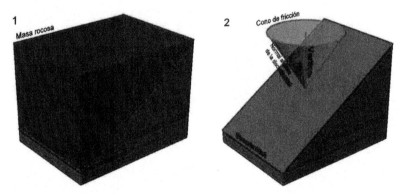

Figura 4.60. Representación del ángulo crítico de fricción.

En la proyección estereográfica es posible proyectar este cono de fricción y por tanto, determinar la estabilidad de un macizo rocoso (Figura 4.61).

1. Una vez representado el cono de fricción, los polos de los planos con ángulos de buzamiento inferior al crítico se sitúan dentro del área descrita por el cono denominada zona estable, mientras que los polos de los planos inestables quedan fuera de ella.

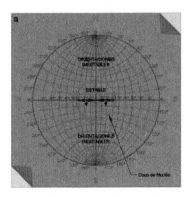

Figura 4.61. Estabilidad del plano de falla.

4.2.3.3. ESTABILIDAD DE UN PLANO DE FALLA. ELIMINACIÓN DEL RECUBRIMIENTO

Como se ha visto en el apartado anterior, un requisito geométrico para que se produzca la inestabilidad en un plano de falla es que la discontinuidad tenga un ángulo de inclinación superior al ángulo de fricción. Sin embargo, ésta no es la única condición para que se produzca el deslizamiento, ya que también es necesario que la discontinuidad esté convenientemente orientada. A esta segunda condición se denomina **eliminación del recubrimiento** (daylighting).

La Figura 4.62 muestra la dirección de deslizamiento prevista para un macizo rocoso situado sobre un plano de debilidad o plano de falla. El macizo rocoso se deslizará en la dirección de la pendiente del plano de debilidad siempre y cuando la dirección de buzamiento de la discontinuidad esté dirigida hacia fuera de la superficie inclinada (discontinuidad *1* en Figura 4.63). En el caso contrario no se producirá dicho deslizamiento (discontinuidad *2*).

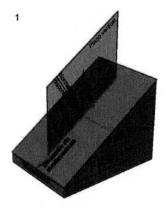

Figura 4.62. Representación de la estabilidad de un plano de falla.

La proyección estereográfica permite analizar la condición de eliminación de recubrimiento, representando la zona de riesgo o zona en donde se encuentran los planos que cumplen esta condición.

1. Se representa el plano de la ladera y las direcciones de buzamiento de los planos de debilidad (Figura 4.63 a).

2. A partir de estas direcciones se obtienen sus polos (contando 90° a partir de la dirección de buzamiento). La unión de todos los polos determina la curva que marca la condición de eliminación del recubrimiento (Figura 4.63 b).

3. La consideración de las dos condiciones (fricción y eliminación de recubrimiento) se representa en el estereograma como un **cono de fricción** y una **curva de eliminación del recubrimiento**. El área que se encuentra fuera del cono pero dentro

de la curva contiene los polos de los planos de debilidad que pueden provocar planos de rotura en la ladera (Figura 4.63 c).

Un examen de las discontinuidades sobre el terreno revelará si las orientaciones que provocarían el fallo están presentes en el estrato rocoso.

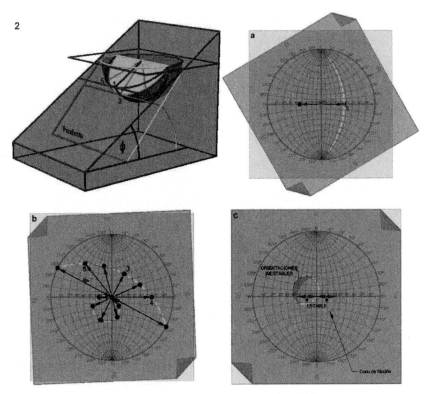

Figura 4.63. Determinación de la estabilidad de un plano de falla.

4.2.3.4. ESTABILIDAD DE CUÑAS

La estabilidad de las cuñas, se puede analizar de forma paralela a la estabilidad de los planos de falla.

En este caso, la orientación de la dirección de deslizamiento de la cuña es paralela a la línea de intersección de los dos conjuntos de discontinuidades.

Cono de fricción.- Para superar la resistencia a la fricción, en condiciones secas, el ángulo de inmersión de la línea de intersección de las dos discontinuidades debe superar el ángulo de fricción. Todas las líneas de intersección que pueden provocar el deslizamiento de la cuña se situarán dentro de un cono con un ángulo de inmersión igual al de fricción (Figura 4.64).

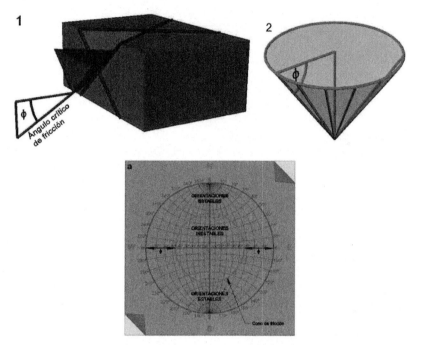

Figura 4.64. Estabilidad de cuñas. Cono de fricción.

Eliminación del recubrimiento.- La cuña será inestable cuando la línea de intersección se inclina en la dirección de la pendiente de la ladera y su ángulo de inclinación o inmersión es menor que la inclinación aparente de ésta (línea de intersección *1*). De no ser así, no se producirá la inestabilidad (línea de intersección *2*). Las líneas de intersección *3, 4* y *5* representan casos intermedios donde la línea de intersección yace sobre el plano de la ladera (Figura 4.65).

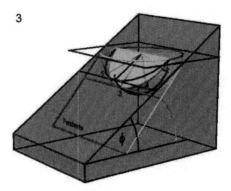

Figura 4.65. Estabilidad de cuñas. Eliminación del recubrimiento.

En este caso la representación sobre el estereograma de la curva de eliminación de recubrimiento se corresponde con el circulo máximo que representa el plano de la ladera y las líneas de intersección dibujadas en la zona sombreada de la (Figura 4.66 b) estarían dentro de dicha zona.

Cuando se consideran las dos condiciones juntas, se observa que el deslizamiento de la cuña se produce cuando la línea de intersección del conjunto de discontinuidades se encuentra dentro del cono de fricción y dentro de la zona de eliminación de recubrimiento es decir, la región sombreada del estereograma (Figura 4.66 c).

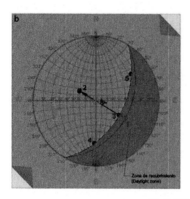 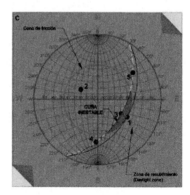

Figura 4.66. Estabilidad de cuñas.

4.2.4. SONDEOS

Las muestras de rocas obtenidas en los sondeos proporcionan información fundamental acerca de los materiales geológicos que no llegan a aflorar en superficie. Mediante la aplicación de la proyección estereográfica se puede llegar a conocer la orientación de las estructuras planares atravesadas por el sondeo (Babín-Vich & Gómez-Ortiz, 2010).

A pesar de que la inmersión y la dirección de inmersión del testigo de sondeo es conocida, la rotación sufrida por éste durante su recuperación, hace que la estimación del rumbo y del buzamiento del plano estructural no pueda ser conocida de forma directa mediante un único sondeo; por lo que se hace necesario disponer de dos o más sondeos para poder llevar a cabo la orientación de la estructura planar.

Para poder comprender este concepto, en la Figura 4.67 se representa un testigo de sondeo que contiene un plano estructural inclinado con respecto al eje del testigo. Si se gira el testigo 360° alrededor de su eje, el rango de orientaciones posibles de la estructura plana describe un cono circular definido por el eje del testigo y cuyo ángulo de apertura corresponde al ángulo de buzamiento δ. Por lo tanto, el polo del plano estructural se encontrará en algún lugar del cono circular definido por la normal a dicho plano, haciéndose necesario disponer de mayor información para poder ser localizado. Un segundo testigo de sondeo permite reducir a dos posibles soluciones la verdadera orientación de la estructura planar, mientras que un tercer testigo determina la orientación del plano estructural con total certidumbre.

Figura 4.67. Representación de un testigo de sondeo.

Existen dos métodos que permiten la resolución de dicho problema mediante proyección estereográfica:

A.- Proyección de un cono inclinado (Figura 4.68)

1. Se proyectan los ejes de los testigos a_1 y a_2 a partir de sus inmersiones y sus direcciones de sondeo.

2. Se gira el papel transparente hasta hacer coincidir cada uno de las proyecciones de los ejes de los testigos con el diámetro E-O de la falsilla, y se cuenta en ambas direcciones el ángulo que forma el eje del sondeo con el polo del plano estructural δ_1

y δ_2; es decir, el ángulo de buzamiento de cada uno de los testigos. Posteriormente, se calcula su punto medio y se dibuja un círculo correspondiente a cada sondeo.

3. Los puntos de intersección de ambos círculos x' e y' determinan las orientaciones de los polos de estratificación.

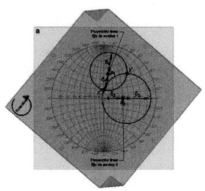

Figura 4.68. Orientación de una estructura planar a partir de sondeos. Proyección de un cono inclinado.

B.- Rotaciones alrededor de ejes inclinados

1. Se proyectan los ejes de los testigos de sondeo a_1 y a_2 y se gira el papel transparente hasta hacerlos coincidir con un círculo mayor de la falsilla. A través de los círculos menores, se rotan estos ejes un ángulo α hasta la horizontal (puntos a_1' y a_2' sobre la primitiva) (Figura 4.69 a).

2. Se gira el papel transparente para llevar a cada uno de los ejes al diámetro N-S de la falsilla. Sobre la primitiva se cuenta el valor del ángulo formado entre el eje del sondeo y el polo del plano estructural δ_1 y δ_2 (ángulos de buzamiento), para dibujar los círculos menores tanto desde el norte como desde el sur del estereograma. Los círculos menores obtenidos se cortan en dos puntos x e y que se corresponden con la posición girada de los polos del plano buscado (Figura 4.69 b).

3. Finalmente, se rotan los puntos x e y el ángulo α (pero en sentido contrario), para poner los ejes en la horizontal, dando lugar a las dos posibles orientaciones de los polos x' e y' del plano estructural (Figura 4.69 c).

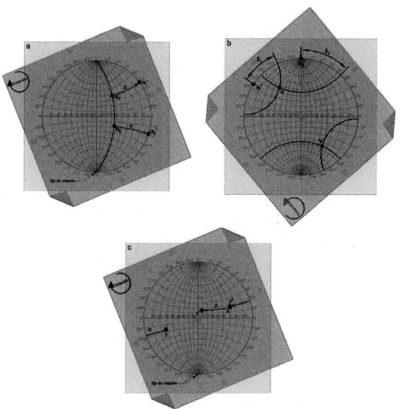

Figura 4.69. Orientación de una estructura planar a partir de sondeos. Rotación alrededor de eje inclinado.

5. EJERCICIOS

1.- Representar en la estereofalsilla una línea R (20°-S44°E) y un plano P (N40°E-30°E).

Se coloca la falsilla en el centro de la figura. Se gira la falsilla 44° en sentido contrario a las agujas del reloj y sobre el eje NS girado se miden 20° desde la primitiva hacia el centro y se marca el punto.

Se coloca la falsilla en el centro de la figura. Se gira la falsilla 40° en el sentido de las agujas del reloj. Sobre el eje EO girado se miden 30° desde la primitiva hacia el centro y se marca el punto. Se traza el círculo máximo que pasa por los extremos del eje NS girado y el punto anteriormente hallado. Para hallar el polo por el eje EO girado se cuentan 90° desde el punto anterior.

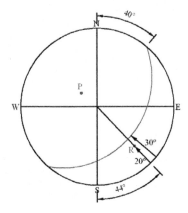

2.- Dado un plano P (N0°-45°O) y una línea de este plano R (33°-N40°O), representar ambos en la estereofalsilla.

Similar al anterior, se observa que la recta al pertenecer al plano, se sitúa sobre el círculo máximo del plano.

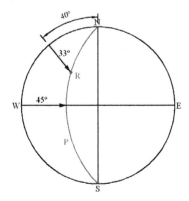

3.- Dado un plano inclinado P (N50ºO-30ºE), hallar su buzamiento aparente en la dirección N62ºE y el cabeceo de una línea R con esa dirección.

Una vez representado el plano, se marca la línea N62ºE, sobre el círculo máximo. Se gira la falsilla hasta que este punto esté sobre el eje E y se miden los grados sobre el eje EO desde la primitiva hasta dicho punto. Para calcular el cabeceo se gira la falsilla hasta que el eje NS pasa por los extremos del círculo máximo del plano y se miden los grados a lo largo de dicho círculo máximo desde el extremo S hasta el punto hallado.

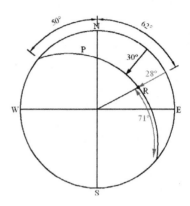

Solución:
  Buzamiento aparente: 28º
  Cabeceo: 71º SE

4.- Dados dos buzamientos aparentes R1 (28º-N56ºO) y R2 (22º-N14ºE), hallar el buzamiento real y el ángulo entre ambas líneas.

Una vez representadas las dos líneas de buzamiento, se gira la falsilla hasta que los puntos que representan los buzamientos aparentes caigan en un círculo máximo y se marca el arco. El buzamiento real se lee sobre el diámetro EO y la dirección de la capa midiendo el ángulo entre el eje NS girado y el no girado. La distancia angular entre las dos líneas es el ángulo entre los dos puntos que las representan, leído sobre el círculo máximo hallado.

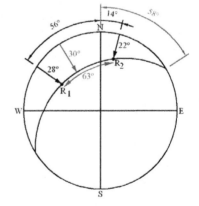

Solución:
  Buzamiento real: 30ºN- N58ºE
  Ángulo entre líneas: 63º

5.- Dado un plano P (N70°O-30°), dibujar la recta del plano con buzamiento en la dirección 180° y la recta del plano con una pendiente de 40°.

Una vez trazado el plano, la primera recta coincide con el eje NS y está situada sobre el círculo máximo del plano. Para la segunda recta se llevan 40° desde el extremo del círculo máximo.

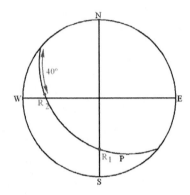

6.- Dados dos planos P1 (N30°E-40°SO) y P2 (N80°O-30°S), hallar la inmersión de la línea de intersección.

Una vez representados los dos planos, el punto de intersección de los círculos máximos representa la recta intersección. Para leer la inmersión se gira la falsilla hasta que este punto caiga sobre el eje NS, midiendo directamente los valores solución. Para el cabeceo se procede como en el ejercicio 4.

Solución:
Inmersión: 28°-S11°E
cabeceo: 72°SO

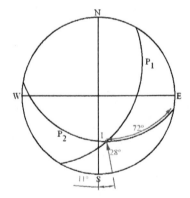

7.- Dados dos planos P1 (N30°E-40°SO) y P2 (N80°O-30°S), hallar el ángulo diedro.

Una vez representados los dos planos se hallan sus polos y se mide el ángulo entre ellos o bien se construye el círculo máximo cuyo polo es la línea intersección, midiendo directamente el ángulo entre los planos. Se observa que los polos de los planos se encuentran en el círculo máximo perpendicular a la línea intersección.

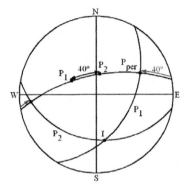

Solución:
   Ángulo: 40°

8.- La traza del plano P que define una capa, forma 70° con el eje N y su pendiente es 50°S. Dibujar el plano sobre la estereofalsilla. ¿Cuál es el ángulo de la pendiente y la dirección de la línea perpendicular al plano?.

Una vez trazado el plano se traza una recta perpendicular al diámetro del plano y en el sentido opuesto. Se gira la falsilla hasta que el eje NS coincide sobre dicha recta y a partir de la traza del plano se llevan 50° porque entre la curva del plano y el diámetro ya hay 40°.

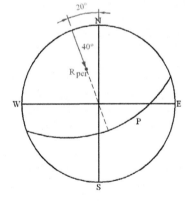

Solución:
   Pendiente: 40°
   Dirección: N20°O

9.- Calcular el ángulo entre los siguientes pares de líneas R1 (40°-N60°E) - R2 (60°-N120°E) y R3 (30°-N90°O) - R4 (0°-N150°E).

Se traza el plano que contiene a las rectas y sobre el arco del plano se obtiene la medida solicitada.

Solución:
R1-R2 ángulo: 42°
R3-R4 ángulo: 116°

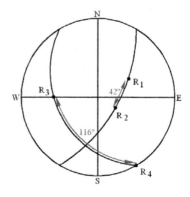

10.- Una recta R tiene una pendiente de 40° y pertenece al plano P (N60°E-50°SE). ¿Cuáles son las posibles direcciones de la línea?.

Una vez trazado el plano, se sitúa su traza con eje NS y se lleva sobre el círculo máximo 40° desde cada extremo, obteniendo las dos líneas solicitadas.

Solución:
Dirección 1: N88°E
Dirección 2: N140°O

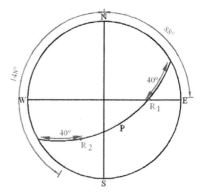

11.- Un plano P (N80°E-20°N) contiene una estructura lineal R cuya pendiente es 50°E. ¿Cuál es su dirección y buzamiento?.

Una vez trazado el plano, se lleva el eje NS hasta su traza y se miden 50° sobre el círculo máximo de tal forma que el resultado final debe estar hacia el E en la falsilla no girada. Una vez situada la estructura lineal se mide su dirección y buzamiento.

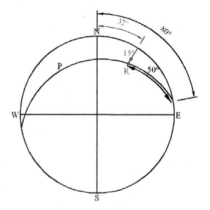

Solución:
Dirección: N32°E
Buzamiento: 15°

12.- Una alineación mineral R tiene una pendiente de 45° sobre un plano de exfoliación P de pendiente 32°. ¿Cuál es el ángulo de buzamiento?.

Se traza un plano cualquiera manteniendo su pendiente. Sobre el círculo máximo se llevan 45°. Se gira la falsilla el ángulo dado y se calcula, en el punto de corte, el buzamiento.

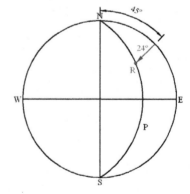

Solución:
Buzamiento: 24°

13.- Una línea R tiene una dirección de 40° y un buzamiento de 40°. ¿Cuál es el ángulo de inclinación del plano P que contiene a la línea?.

Se considera el plano con una dirección NS. Se traza la recta que marca la dirección de la recta y se gira la falsilla hasta que el eje EO coincida con dicha recta para marcar el buzamiento de la recta. Una vez hallada la representación de la recta se "*desgira*" la falsilla y se traza el círculo máximo que pasa por la recta, calculando sobre el eje EO la inclinación del plano.

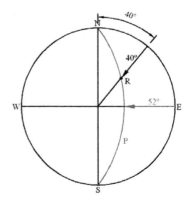

Solución:
  Inclinación: 52°

14.- Un plano P1 con una orientación S50°O-70°N, corta a una capa cuyos planos tienen unas medidas N10°E-24°E. Calcular la orientación de la línea intersección.

Se trazan los dos planos y se halla su intersección calculando directamente su dirección al prolongarla hasta cortar la circunferencia. La inclinación se calcula girándola hasta situarla sobre el eje EO y midiendo de afuera a dentro el ángulo.

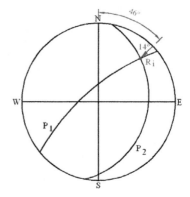

Solución:
  Dirección: N46°E
  Buzamiento: 14°NE

15.- Un plano P1 (S20ºO-30ºNO) corta a un estrato P2 (N120ºE-40ºS). Calcular la intersección entre ambos. ¿Cuál es la pendiente de la intersección sobre el plano y sobre el estrato?.

Se trazan los dos planos y se halla su intersección calculando directamente su dirección al prolongarla hasta cortar la circunferencia. La inclinación se calcula girándola hasta situarla sobre el eje EO y midiendo de afuera a dentro el ángulo.

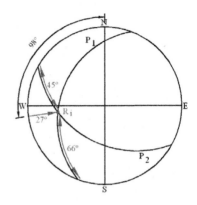

Su pendiente o ángulo de inclinación respecto a las horizontales del plano se calculan midiendo sobre los arcos de circunferencia que definen los planos, la distancia angular desde la primitiva a la recta.

Solución:
Recta intersección:27ºSO-S82ºO
Pendiente sobre P1: 66º
Pendiente sobre P2: 45º

16.- Encontrar la disposición del plano que contiene a las dos líneas R1 (20º-N110ºE) y R2 (40º-N60ºO).

Se trazan las dos líneas y rotando la falsilla se busca el arco que pasa por los dos extremos de la línea, calculando la dirección y el buzamiento.

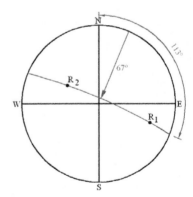

Solución:
Dirección: N113ºE
Buzamiento: 67ºNE

17.- Una roca ígnea está expuesta en una cantera como un plano de intrusión (N120ºE-70ºNE). La inclusión está cortada por un conjunto de juntas de dirección 80º y una pendiente vertical. Calcular la intersección de las juntas con los márgenes de la intrusión.

Se representa el plano de intrusión. La familia de juntas de la recta intersección tiene que estar proyectada sobre el plano de juntas al ser éste perpendicular, luego su dirección es la dirección de la recta intersección. Para hallar la pendiente se gira la intersección hasta situarla sobre el eje OE midiendo directamente la pendiente.

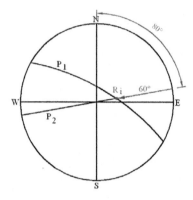

Solución:
  Dirección: N80ºE
  Buzamiento: 60º

18.- Un estrato en una arcilla del Carbonífero tiene una dirección de S50ºO y una inclinación de 40ºNO. Una vía del tren vertical corta a través de estas rocas mostrando una inclinación aparente de 50º. ¿Cuáles son las posibles direcciones de la vía?.

Una vez representado el estrato, se lleva sobre el círculo máximo el ángulo pedido obteniendo las direcciones pedidas.

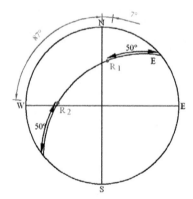

Solución:
  Dirección 1: N7ºE
  Dirección 2: N87ºO

19.- Las siguientes mediciones se pueden haber hecho en cuatro superficies de afloramiento diferentes. Determinar la orientación de la estructura plana que las contiene. P1 (N85°O-52°N), P2 (N4°O-65°E), P3 (N42°O-52°NE), P4 (N55°E-70°NO)

Se representan los cuatro planos y se gira la falsilla hasta que los cuatro polos se encuentren sobre un círculo máximo que representa la estructura plana pedida.

Solución:
Dirección: N60°O
Buzamiento: 40°SO

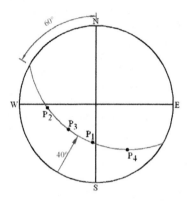

20.- En el análisis de la estabilidad de la pendiente de una carretera se ha calculado que la discontinuidad más peligrosa tiene una orientación N70°E-55°E. ¿Cuál de los siguientes planos de juntas está más cercano a esta orientación P1 (N96°E-50°S) ó P2 (N46°E-40°O)?.

Una vez representada la discontinuidad se representa cada plano de junta. Se halla su intersección con la discontinuidad y se trazan los planos perpendiculares a las rectas de intersección sobre los que se miden las distancias angulares.

Solución:
Distancia a P1: 21°
Distancia a P2: 91°
Plano más cercano: P1

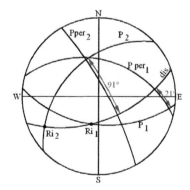

21.- Girar la línea R (60°-N30°E) alrededor de un eje horizontal EO, un ángulo de 100° con un sentido antihorario. ¿Cuál es la nueva orientación de la línea?.

Una vez representada la línea, se gira la falsilla hasta que su eje NS coincide con el eje de rotación. Se considera el círculo menor sobre el que pasa la recta y sobre él se miden los grados indicados obteniendo la nueva posición de la recta una vez girada.

Solución:
　　Nueva orientación: 17°-N163°E

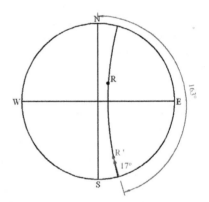

22.- Rotar la línea R (60°-N20°E) alrededor de un eje (N50°O-0°). ¿Cuál es el ángulo mínimo de rotación para que la línea sea horizontal?.

Una vez representada la línea, y el eje, se gira la falsilla hasta que su eje NS coincida con el eje de rotación. Se considera el circulo menor sobre el que pasa la recta y sobre él se miden los grados indicados obteniendo la nueva posición de la recta una vez girada, tras considerar que para que la nueva recta sea horizontal, su inmersión debe ser cero, es decir, se representa sobre la circunferencia exterior.

Solución:
　　Ángulo: 60°

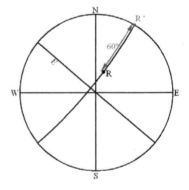

23.- Al plano P (N82°E-52°S) aplicarle una rotación dextrógira de 80°, vista mirando hacia el nordeste, alrededor de un eje (30°-N42°E).

Se traza el plano, el polo del plano y el eje de giro. Se coloca el eje de giro sobre el diámetro EO de la falsilla y en esa posición se lleva a la horizontal (se traslada al extremo de la falsilla). El giro efectuado (30°) se aplica al polo del plano desplazándolo a lo largo del círculo menor y obteniendo la nueva posición del plano P'. Se lleva la nueva posición del eje E' al eje NS de la falsilla y se efectúa la rotación indicada de 80° a lo largo del círculo menor correspondiente P''. Una vez terminada esta rotación se coloca de nuevo el eje de giro sobre el eje EO de la falsilla y se devuelve a su posición original girando 30° en sentido contrario al inicial P'''.

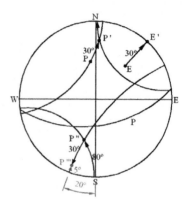

24.- Una capa inclinada de arenisca (N40°E-30°O) contiene una estratificación cruzada (N60°O-20°S). Determinar la dirección original de la corriente.

Se representa el polo de la estratificación y la capa de arenisca. La traza de la capa de arenisca se corresponde con el eje de giro que se coloca sobre el eje EO y se lleva a su posición horizontal desplazándolo hasta el borde de la primitiva (30°). Se desplazar el polo de la estratificación estos mismos grados, a lo largo del círculo menor. Con la nueva posición del polo P', se dibuja el plano de la estratificación y la dirección de la corriente.

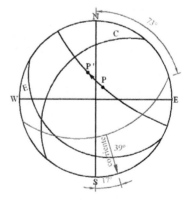

Solución:
  Estratificación original: N73°E-39°S
  Corriente: S17°E

25.- Hallar la nueva orientación del plano P (N50°E-30°SE) y de su polo, después de girarlo 60° en el sentido de las agujas del reloj, alrededor de un eje vertical.

Se representa el plano y el polo y se mide sobre la primitiva 60° correspondientes al giro, a partir de la dirección del plano y en el sentido de inmersión del polo respectivamente. Con las nuevas direcciones se pinta el plano rotado conservando el buzamiento anterior y el polo con su inmersión correspondiente.

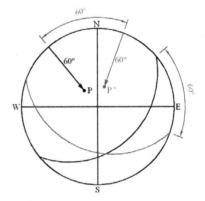

Solución:
   Plano: N110°E-30°E
   Polo: 60°-N20°E

26.- La orientación de una línea R es 50°-S50ºO. ¿Cuál será su nueva orientación después de haber girado 80° en sentido contrario a las agujas del reloj, alrededor de un eje vertical?

Se representa la línea y desde la primitiva se mide a partir del sentido de inmersión de la línea los 80° de la rotación. Colocado el nuevo sentido de inmersión sobre un diámetro vertical, se mide el ángulo de inmersión dibujando así la nueva posición de la línea

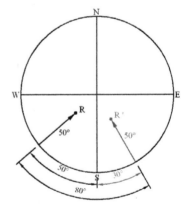

Solución:
   Recta girada: 50°-S30°E

27.- En una serie sedimentaria S (N24°E-34°SE) se observa una estratificación cruzada planar de orientación N26°O-20°SO. Calcular la orientación de la estratificación cruzada antes del basculamiento de la serie sedimentaria.

Se dibuja la proyección de ambos planos y en el caso de la estratificación el polo. El eje de giro es la traza de la serie sedimentaria luego se gira la falsilla hasta colocar el eje NS sobre dicha traza. A partir de ahí para colocar la serie horizontal la inmersión debería ser 0°, luego el polo de la estratificación girará 34° a lo largo de su círculo menor. Posteriormente a partir del polo girado se dibuja la ciclográfica del plano.

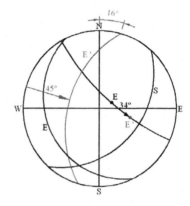

Solución:
Dirección previa: N16°E-45°O

28.- Una lineación mineral tiene una inmersión de 30° en la dirección S60°O. Calcular su nueva orientación después de una rotación de 50° en el sentido de las agujas del reloj, mirando desde el sur, alrededor de un eje horizontal de dirección N40°E.

Se dibuja la lineación minera y el eje de giro. Con el eje de giro sobre el diámetro NS de la falsilla se efectúa el giro sobre el círculo menor.

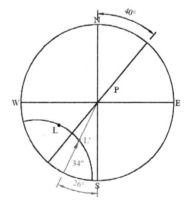

Solución:
Dirección rotada: 34°-S26°O

29.- Una secuencia estratificada invertida está orientada N60°O-50°SO. En uno de los planos de estratificación aparece una lineación con un cabeceo de 30°NO. Calcular la orientación de la lineación cuando la estratificación estaba horizontal.

Se dibuja el plano y la lineación. La secuencia está invertida luego para ponerla horizontal es necesario ponerla previamente vertical. El ángulo de giro será entonces: 90°-buza°+90° Esa rotación se aplica tanto al plano como a la lineación.

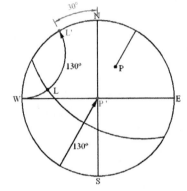

Solución:
   Dirección: N30°O
   Inmersión: 0°

30.- La orientación de un plano es N30°O-30°NE. ¿Cuál será su orientación después de una rotación de 50° en sentido contrario a las agujas del reloj, visto desde el sur, alrededor de un eje paralelo a la dirección?. ¿Cuál será su orientación si la rotación es en sentido contrario?.

Se dibuja el plano y se coloca el eje NS de la falsilla sobre la dirección del plano para hacer la rotación. En el primer caso el giro es de izquierda a derecha visto desde el sur luego se pasa la primitiva y se sigue contando hasta alcanzar los 50°. En el segundo caso se cuenta de derecha a izquierda.

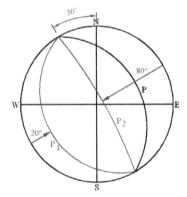

Solución:
   P1: N30°O-20°NO
   P2: N30°O-80°NE

31.- En un afloramiento, se observan dos flancos de un pliegue con orientaciones P1 (N30°O-34°NE) y P2 (N60°E-24°SE). Hallar la orientación de la línea de charnela del pliegue, así como la orientación del plano axial del pliegue.

Se proyectan ambos flancos y se halla el punto de corte que se corresponde con la charnela, sobre la que se leen los datos de orientación. Para el plano axial se dibuja un plano perpendicular a los dos flancos que coincide con un plano perpendicular a la línea de la charnela. Sobre este plano se calcula el punto medio del ángulo interflancos que en este caso es por el lado agudo. El punto medio y la línea de charnela definen el plano axial.

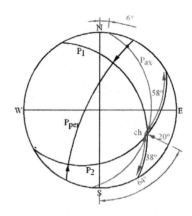

Solución:
Línea charnela: 20°-S64°E
Cabeceo en 1: 38°
Cabeceo en 2: 58°
Orientación plano: N6°E-20°SE

32.- En un pliegue se ha podido medir un conjunto de superficies de estratificación que corresponden a los flancos del pliegue y zona de charnela. Hallar la orientación del eje del pliegue.
P1 (N30°E-20°E), P2 (N50°O-20°NE), P3 (N70°O-30°NE), P4 (N60°E-40°SE).

Se sitúan todos los planos en el estereograma. Todos los círculos se cortan en un punto que define la orientación del eje del pliegue y de la línea de charnela.

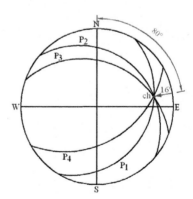

Solución:
Línea charnela: 16°-N80°E

33.- Con los datos del ejercicio anterior, calcular el plano axial sabiendo que la traza axial del pliegue tiene una orientación N20ºE.

Una vez hallado el eje del pliegue, se sitúa la traza axial (la línea de corte del plano axial con otro plano). Si se considera el otro plano el perpendicular al eje del pliegue, la dirección de plano y trazas axiales, coinciden. Por tanto, se coloca su dirección y se lleva esta dirección sobre el eje NS de la falsilla y se traza el círculo máximo que con esa dirección, contiene al eje del pliegue deducido anteriormente.

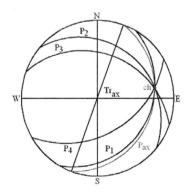

Solución:
  Plano axial: N20ºE-18ºE

34.- Una serie plegada aflora bajo un plano de discordancia de orientación N60ºE-60ºSE. Las orientaciones de los flancos del pliegue son: N60ºO-30ºNE y N40ºE-20ºNO. Hallar la línea de charnela y el plano axial antes y después del basculamiento de la discordancia.

Se dibujan los flacos y la discordancia. La intersección de los flancos (línea de charnela) y el punto medio del ángulo interflancos definen el plano axial del pliegue. Para hallar las orientaciones de la charnela y el plano axial antes del basculamiento se coloca la discordancia coincidiendo con un círculo mayor, (dirección sobre el diámetro NS de la falsilla). En esta posición, se rota alrededor de un eje horizontal un ángulo equivalente al buzamiento de la discordancia, hasta que ésta esté horizontal (60º). La misma rotación sufre tanto la línea de charnela como el plano axial.

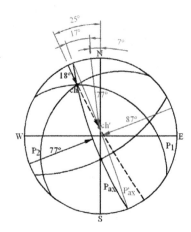

Solución:
  Charnela antes del giro: 18º-N25ºO
  Plano axial antes del giro: N21ºO-78ºO
  Charnela nueva: 77ºN-N7ºO
  Plano axial nuevo: N21ºO-87ºO

35.- Los flancos de un pliegue tienen las siguientes orientaciones F1 (N50ºE-34ºNO) y F2 (N30ºO-60ºSO). Si un dique de orientación D (N30ºO-30ºSO) corta al pliegue. ¿Cuál será el cabeceo de cada una de las líneas de corte del dique con ambos flancos?

Se representan los flancos del pliegue y el dique. Dado que el dique y el flanco 2 tienen la misma dirección y distinto buzamiento la línea de corte es horizontal y el ángulo de cabeceo sobre este flanco es 0º. Para el flanco 1 la línea de intersección tiene una orientación de 25º-N85ºO. Dicha línea marca los ángulos de cabeceo pedidos que sobre el flanco es de 50º y sobre el dique es de 59º.

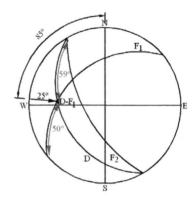

Solución:
Cabeceo sobre F1: 50º
Cabeceo sobre F2: 0º
Cabeceo sobre D debido a F1: 59º

36.- En una región aparece una serie plegada en donde se han producido dos episodios de plegamiento. Una vez dividida la región en los dominios necesarios, deducir la orientación de la línea de charnela del segundo plegamiento.

Dominio 1: traza axial N64ºO, P1 (N14ºE-30ºNO), P2 (N80ºE-40ºN), P3 (N34ºO-46ºSO)

Dominio 2: traza axial N50ºE, P1 (N70ºO-14ºNO), P2 (N24ºE-32ºNO), P3 (N84ºE-20ºSE)

Dominio 3: traza axial N30ºO, P1 (N10ºE-40ºNO), P2 (N70ºO-24ºNE), P3 (N60ºE-20ºNO)

Se proyectan los datos de cada sub-área para conocer la orientación de los pliegues en cada parte de la estructura. Los ejes se sitúan en un círculo máximo de tal manera que el polo de este círculo es la posición de la línea de charnela del segundo plegamiento.

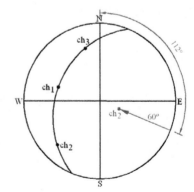

Solución:
Charnela: 60º-N120ºE

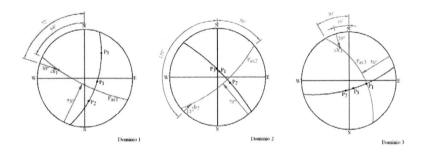

Dominio 1   Dominio 2   Dominio 3

37.- Dada una falla EO que buza 60°S y desplaza la capa y la veta indicadas en la figura, determinar la magnitud y la orientación del desplazamiento.

Se representan en la falsilla todos los elementos indicados y se mide el cabeceo de la capa y de la veta en el plano de falla. Con estos ángulos de cabeceo se marcan las trazas de los planos desplazados en la falla en la construcción auxiliar, obteniendo el salto dado. El cabeceo de la línea se mide desde la traza de la falla y se lleva al estereograma, obteniendo así la orientación.

Solución:
    Orientación: 59°-S19°E
    Magnitud: 27.5 m

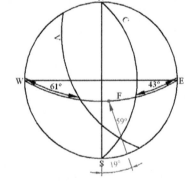

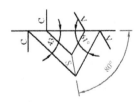

38.- Una falla F de orientación N50°E-40°E, corta a un estrato E cuya orientación en el labio oeste de la falla es N20°O-30°O. Si la falla ha sufrido una rotación de 40° en sentido contrario a las agujas del reloj. ¿Cuál es la orientación del estrato en el labio este?.

Se proyectan los polos de la falla y el estrato. Dado que el polo de rotación de una falla rotacional es la perpendicular al plano de falla, este polo de rotación es el polo de la falla. Se coloca la dirección de la falla sobre el diámetro NS de la falsilla y se rotan los 40° hasta situarla horizontal de tal forma que el polo pasa a ser perpendicular. El polo del estrato se desplaza el mismo ángulo (40°) alrededor de su círculo menor. Se aplica una rotación de 40° con el polo ya vertical en sentido contrario de las agujas del reloj y se obtiene así E''. De nuevo se rota la falla para colocarla en su posición inclinada original y se obtiene el desplazamiento del estrato a lo largo del círculo menor en su nueva posición E'''.

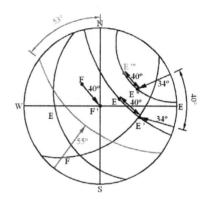

Solución:
   Orientación: N53°O-55°SO

39.- Dos fallas conjugadas tienen las siguientes orientaciones F1 (N46°O-50°SO) y F2 (N34°E-40°SE). Calcular la orientación de los ejes principales de esfuerzos y de las estrías correspondientes a cada falla.

Se representan los planos de falla. El punto de corte de ambos planos representa el eje de esfuerzos intermedio, σ_2. El plano de movimiento perpendicular a σ_2 permite determinar los esfuerzos restantes. σ_3 es la bisectriz del ángulo obtuso y σ_1 la del ángulo agudo. Las estrías están situadas en el plano de falla y en el plano de movimiento luego son los puntos de corte de este plano con cada una de las fallas.

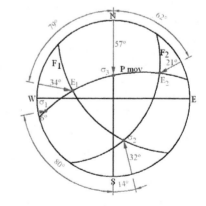

Solución:
   Orientación σ_1: 6°-S80°O
   Orientación σ_2: 32°S-S14°E
   Orientación σ_3: 57°N-0°
   Estría sobre F1: 34°O-N79°O
   Estría sobre F2: 21°E-N62°E

40.- En uno de los labios de una falla rotacional, cuyo plano tiene una orientación de N66°E-60°N, aflora un estrato de orientación N34°O-40°O. Sabiendo que el labio opuesto gira 30° en el sentido de las agujas del reloj. Hallar la orientación del estrato en este labio.

Una vez dibujado el polo de la falla y del estrato, se coloca el eje de giro inclinado (polo de la falla) horizontal o vertical. Se efectúa el giro indicado alrededor del nuevo eje y se dibuja el estrato girado. Se lleva el eje de giro a su posición original y con él el estrato, leyéndose de esta forma la nueva orientación.

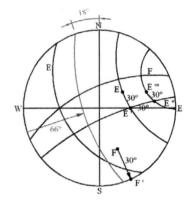

Solución:
  Orientación: N18°O-66°O

41.- En una planicie se localiza una falla F de orientación N128°E-56°NO. En uno de sus labios aflora un pliegue en el que se han podido medir las siguientes orientaciones de estratificación 1 (N60°O-81°SE), 2 (N21°O-58°SE), 3 (N52°E-54°SO) y 4 (N100°E-82°O). En el otro labio de la falla, el mismo pliegue muestra su charnela con una orientación de 46°-S60°O. Determinar el movimiento provocado por la falla en este labio.

Se proyecta el polo de la falla, del pliegue y la charnela del segundo labio. Se conoce la posición inicial P1 y final del pliegue P2, luego, sólo se necesita saber cuánto es el giro. Se lleva el eje de giro (polo de la falla) a la horizontal. Se giran las dos líneas de charnela el mismo ángulo y en el mismo sentido a lo largo del círculo menor en el que están contenidas. Se coloca el polo horizontal sobre el eje NS y se calcula los grados que existen entre las posiciones rotadas, a lo largo del círculo menor.

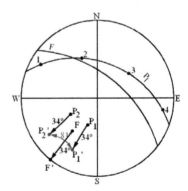

Solución:
  Giro: 81°

42.- Una falla F de orientación N30ºO-40ºE corta a dos estratos (1 y 2). La orientación del estrato 1 sobre uno de los labios de la falla es N20ºE-30ºO y la del estrato 2 es N80ºE-60ºS, como muestra la figura. Si la falla ha sufrido una rotación de 40º en sentido contrario a las agujas del reloj. ¿Cuál es la orientación y magnitud del deslizamiento neto y la posición del polo de rotación?.

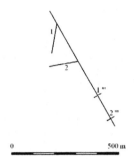

0   500 m

Se dibuja el polo de la falla y de los estratos y se calcula su posición en el otro labio de la falla, tras el giro de la misma. Se calculan los ángulos de cabeceo y se llevan estos a la figura auxiliar donde se encuentran las posiciones relativas de los elementos. Los ángulos de cabeceo llevados a esta figura auxiliar determinan los puntos intersección (x, y) de los estratos en cada labio de la falla. La línea xy es el desplazamiento neto y su orientación viene determinada por el ángulo de cabeceo sobre la falla. El polo de rotación está situado en el bisector perpendicular al deslizamiento neto. A partir de x e y se llevan líneas con ángulos de 70º y donde dichas líneas corten a la recta perpendicular al desplazamiento dibujada desde su punto medio se sitúa el polo.

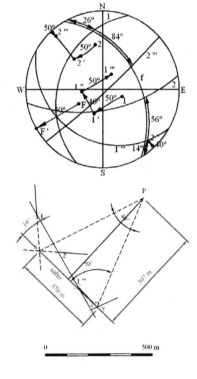

Solución:
  Longitud salto: 370 m
  Cabeceo salto: 16ºS
  Distancia al polo de rotación: 507 m

0   500 m

43.- Al realizarse el análisis cinemático de un talud se ha encontrado un mecanismo planar cuyo plano de deslizamiento J presenta una orientación N46°E-24°NO. El ángulo de fricción presenta un valor crítico calculado según el Criterio de Barton y Choubey de 40°. El talud tiene una orientación N66°E-84°NO. ¿Es estable dicho talud?.

Se proyecta el polo del plano de junta que indica el centro del cono de fricción. A partir de dicho polo se llevan 40° a cada lado y se representa el cono. Para que se produzca el deslizamiento, el peso del talud debe situarse fuera de dicho cono de fricción, pero dado que se sitúa en el centro de la falsilla, al ser perpendicular, el talud se considera estable. Para hallar la inestabilidad por recubrimiento, se calculan los polos de posibles planos de debilidad en el talud (tomados aleatoriamente). La intersección de las dos zonas inestables indica la zona inestable final.

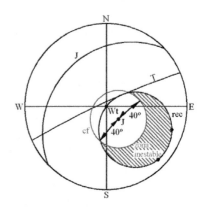

Solución:
Condiciones estables

44.- En el talud cuya orientación es N38°E-80°NO, se observa un mecanismo de inestabilidad debido a la presencia de cuñas. Los planos que delimitan las cuñas viene dados por las orientaciones J1 (N70°E-78°NO) y J2 (N14°O-80°O). El ángulo de fricción es de 32°. ¿Se produce el deslizamiento?.

Se proyecta el talud y los planos que delimitan la cuña, obteniendo así la línea intersección. El círculo mayor del talud es el límite que marca la zona de inestabilidad por eliminación de recubrimiento. Dado que la línea intersección se encuentra en dicha zona al tener una inmersión menor que el talud y en la misma dirección, la cuña es inestable. El cálculo del cono de fricción, también muestra inestabilidad.

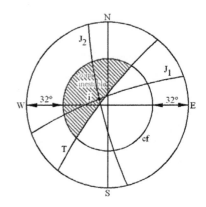

Solución:
Condiciones de deslizamiento

45.- El mecanismo de falla para un talud, de acuerdo al análisis cinemático, es por cuñas. Éstas están delimitadas por los planos J1 (N10°O-36°O) y J2 (N36°O-50°N). La altura del talud es de 15 m con una orientación N42°E-70°NO y un ángulo de fricción 36°. Analizar su estabilidad.

Se proyectan los planos de juntas y se halla su intersección. Para que se produzca el deslizamiento debe coincidir la inestabilidad por recubrimiento y fricción. En este caso se da la de recubrimiento pero no la de fricción.

Solución:
Condiciones estables

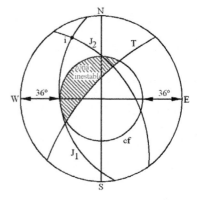

46.- El mecanismo resultante del análisis cinemático para un talud (N10°O-70°O) de 23 m de altura, es por medio de deslizamiento planar a través de la estratificación N0°-46°O. La fricción para dicho plano es de 30°. Analizar las condiciones de estabilidad.

Se proyecta el polo del plano de junta que indica el centro del cono de fricción. A partir de dicho polo se llevan 30° a cada lado y se representa el cono de fricción. El vector peso del talud se sitúa en el centro de la falsilla al ser perpendicular y se encuentra fuera del cono de fricción y en el límite de la condición de inestabilidad por recubrimiento.

Solución:
Condiciones inestables

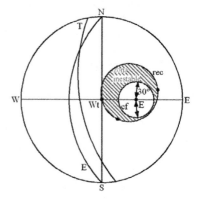

47.- Se han recuperado testigos de dos sondeos inclinados. El eje del primer sondeo, orientado (60°-N30°O) presenta un ángulo con la estratificación de 50°. El eje del segundo, orientado (70°-E50°S), tiene un ángulo con la estratificación de 60°. Hallar la orientación de la estratificación.

Se proyectan los ejes de los sondeos. El ángulo entre el polo de la estratificación y el eje del sondeo es: 90°-50°=40° y 90°-60°=30° para el primer y segundo sondeo respectivamente. Se coloca cada sondeo sobre el eje EO de la falsilla y se cuenta el ángulo deducido a cada lado el eje del sondeo. Se calcula el punto medio de esa recta y se dibuja el círculo correspondiente a cada sondeo. Los dos círculos se cortan en los polos de las posibles orientaciones de los cuales se deduce los planos de las estratificaciones.

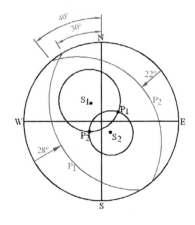

Solución:
   Orientación 1: N30°O-28°SO
   Orientación 2: N40°O-22°NE

48.- Tres sondeos no paralelos presentan las siguientes orientaciones y ángulos entre sus ejes y la estratificación: (40°-N40°E; 52°), (60°-S20°E; 50°), (46°-N50°O; 53°). Hallar la orientación de la estratificación.

Se proyectan los ejes de los sondeos. El ángulo entre el polo de la estratificación y el eje del sondeo es: 90°-52°=38°, 90°-50°=40° y 90°-53°=37°, para el primero, segundo y tercer sondeo. Se coloca cada sondeo sobre el eje EO de la falsilla y se cuenta el ángulo deducido a cada lado el eje del sondeo. Se calcula el punto medio de esa recta y se dibuja el círculo correspondiente a cada sondeo. Los tres círculos se cortan en el polo de la estratificación.

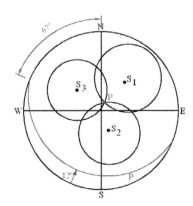

Solución:
   Orientación : N67°O-12°S

49.- Sobre un terreno horizontal de dirección EO, se realizan dos sondeos verticales con una distancia de 200m entre ambos. En el sondeo occidental se encuentra una capa guía a 50m de profundidad y la misma capa, en el oriental a 100m. En ambos sondeos, la estratificación forma un ángulo de 56° con el eje del sondeo. Hallar las posibles orientaciones de la capa guía.

Mediante una construcción auxiliar se calcula el buzamiento aparente: Se colocan los ejes de los sondeos con una escala adecuada y se unen sus extremos. La línea de unión muestra el buzamiento aparente. Sobre el estereograma se dibuja este buzamiento aparente y dado que el buzamiento real es 90°-56°=34°, se rota la falsilla hasta encontrar un círculo máximo que contenga a estos dos buzamientos, obteniendo así las dos posibles orientaciones.

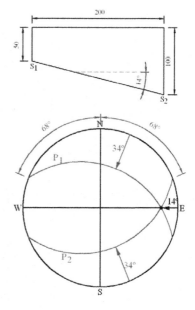

Solución:
  Orientación 1: N68°O-34°N
  Orientación 2: N68°E-34°S

50.- En un afloramiento se observa una superficie de estratificación orientada N50°O-40°NE. Se efectúa un sondeo sobre el eje NS, inclinado 30°S. ¿Cuál será el ángulo entre la estratificación y el eje del sondeo?.

Se dibuja el sondeo y el polo del plano. Se traza el círculo mayor que contiene a estos dos puntos y se mide el ángulo que forman. En este caso es de 35°, por lo tanto el ángulo que forma el eje del sondeo con la estratificación es el complementario, es decir 55°.

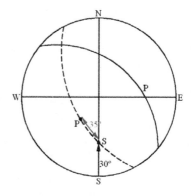

Solución:
  Ángulo: 55°

6. ESTEREOFALSILLA

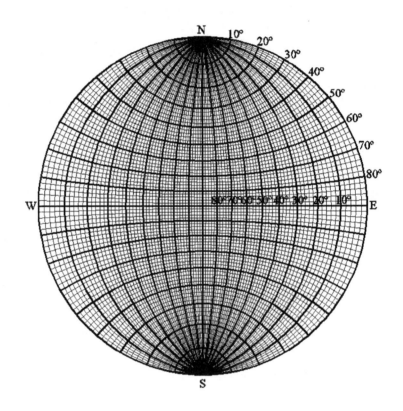

7. SOFTWARE

Existen en el mercado programas informáticos que, tras la introducción de los datos iniciales (direcciones y buzamientos de rectas y/o planos) permiten resolver problemas característicos como ángulos, intersecciones, perpendicularidades o caracterización de pliegues, así como llevar a cabo su representación gráfica sobre redes estereográficas meridionales (falsilla de Wulff y de Schmidt)l, polares (falsilla polar y diagramas en rosa) y de contornos de densidad (falsilla de contaje de Kalsbeek).

Entre los programas más destacados se encuentran: *Georient®* y *Stereonet®*.

7.1. GEOrient®

Desarrollado por el profesor de geología estructural Rod Holcombe, actualmente se puede descargar la versión 9.4.5 en el siguiente enlace:

http://www.holcombe.net.au/software/rodh_software_georient.htm

El programa ha sido desarrollado para su funcionamiento bajo plataforma Windows® y puede ser utilizado sin restricciones para uso académico.

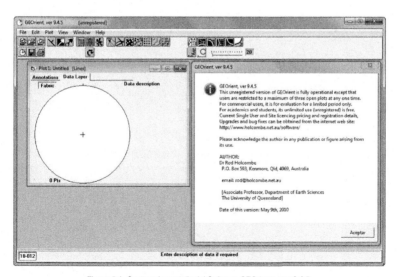

Figura 5.1. Captura de pantalla del Software GEOriente ver. 9.4.5.

7.2. Stereonet®

Desarrollado por el profesor de la Cornell University, Richard W. Allmendinger, se encuentra disponible para las plataformas Mac OS X® (versión 6.3.3) y Windows® (versión 1.2); aunque en la actualidad ha dejado de proporcionar soporte a la versión desarrollada bajo entorno Windows® (http://www.geo.cornell.edu/geology/faculty/RWA/programs.html).

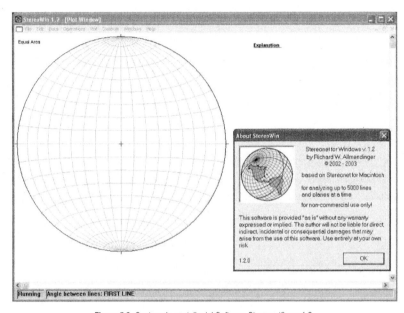

Figura 5.2. Captura de pantalla del Software Stereonet® ver. 1.2.

8. GLOSARIO

Alignement diagram = diagrama de alineamiento.

Attitude = orientación, disposición, posición.

Balanced cross sections = cortes transversales compensados.

Bearing = rumbo.

Bedding = estratificación.

    Cross bedding = estratificación cruzada.

    Current bedding = estratificación cruzada de corriente, laminación de corriente.

    Graded bedding = estratificación gradada.

    Bedding plane slip = deslizamiento según el plano de estratificación.

Bending = combamiento, encorvamiento, arqueamiento.

Bottom, top = base, techo (de una capa).

Boulder = canto rodado.

Bukling = buckling, encorvamiento.

Circle = círculo.

    Great circle = círculo máximo.

    Primitive circle = círculo primitivo.

Cleavage = exfoliación, clivaje.

Coefficient of internal friction = coeficiente de fricción interna, coeficiente de rozamiento interno.

Columnar jointing = diaclasado columnar.

Contour = curva de nivel, isohipsa, isobata.

    Form line contours = curvas morfológicas.

    Contoured diagram = diagrama con curvas de distribución.

    Contoured maps = mapas de isohipsas.

    Contouring = trazado de curvas de distribución.

Counting net = falsilla de contaje.

Creep = reptación, fluencia.

Crest line = línea de cresta (en pliegues).

Cross lamination = laminación cruzada.

Daylighting = eliminación del recubrimiento

Deformation = deformación.

    Deformation bands = bandas de deformación.

    Deformation history = historia de la deformación.

    Incremental deformation = deformación incremental.

    Deformation lamellae = láminas de deformación.

    Deformation path = curso de la deformación.

Depression = depresión (en pliegues de doble inmersión).

Dip = buzamiento.

    Direction of dip = sentido del buzamiento.

    Down the dip = buzamiento abajo.

Disconformity = disconformidad.

Displacement = desplazamiento (en fallas).

Ellipsoid = elipsoide.

    Mean strain ellipsoid = elipsoide medio de deformación.

    Mean stress ellipsoid = elipsoide medio de esfuerzo.

Elongation = elongación.

Enveloping surface = superficie envolvente, envolvente.

Equal area projection = proyección equiareal.

Extension = extensión.

Fabric = fábrica.

Fault = falla.

    Dip slip fault = falla de salto (o desplazamiento) según el buzamiento.

    Fault creep = reptación de falla.

    Fault drag = arrastre de falla.

    Fault zone = zona de falla.

    Hinge fault = falla de bisagra.

    Line cutoff = intersección entre la roca cortada y el plano de falla.

    Pivotat fault = falla de pivote.

    Thrust fault = cabalgamiento.

    Reverse fault = falla inversa.

    Rotational fault = falla rotacional.

    Strike slip fault = falla de salto (o desplazamiento) según la dirección.

    Translation fault = falla traslacional.

    Faulting = desarrollo de fallas, fallamiento.

Flat lying sediments = sedimentos horizontales, sedimentos de disposición plana.

Flattening = aplanamiento.

Flexural flow folding = plegamiento por flujo y flexión.

Flexural slip folding = plegamiento por deslizamiento y flexión.

Flexure = flesión.

Flowage = fluencia.

Fold = pliegue.

Cross fold = pliegue cruzado.

Fold closure = charnel.

Fold crest = cresta del pliegue.

Drag fold = pliegue de arrastre.

En échelon folds = pliegues escalonados.

Gentle folds = pliegue suave.

Horizontal inclined fold = pliegue horizontal inclinado.

Horizontal normal fold = pliegue horizontal normal.

Interlimb angle = ángulo interflancos.

Isoclinal fold = pliegue isoclinal.

Limb of fold = flanco.

Neutral fold = pliegue neutron.

Nonplane fold = pliegue no plano.

Open fold = pliegue abierto.

Overthrust fold = pliegue cabalgante.

Overturned fold = pliegue tumbado, pliegue invertido.

Parallel fold = pliegue paralelo.

Plunge of fold = inmersión del pliegue.

Plunging inclined fold = pliegue con inmersión inclinado.

Plunging normal fold = pliegue con inmersión normal.

Reclined fold = pliegue reclinado.

Recumbent fold = pliegue recumbente, pliegue acostado.

Rounded fold = pliegue romo.

Superimposed fold = pliegue superpuesto.

Tight fold = pliegue cerrado, pliegue apretado.

Upward facing fold = pliegue boca arriba.

Vertical fold = pliegue vertical.

Wild fold = pliegue anárquico.

Foliation = foliación.

Footwall-hanging wall (of faults) = piso, techo.

Geological section = corte geológico.

Gliding = deslizamiento, resbalamiento.

Hinge line = línea de charnela.

Joint = junta, diaclasa.

    Feather joint = junta en forma de pluma.

    Master joint = junta maestra.

    Radial joint = junta radial.

    Joint set = juego de juntas, conjunto de juntas, familia de juntas.

    Shear joint = junta de cizalla.

    Joint system = sistema de juntas.

Layering = bandeado, laminación, disposición en capas.

    Differentiated layering = bandeado diferenciado.

    Transposed layering = bandeado de transposición.

Limb = flanco.

    Overturned limb = flanco inverso.

Line defect = defecto lineal.

Lineament = lineamiento.

Lineation = lineación.

    Down-dip lineation = lineación según el buzamiento.

Microjoint = microjunta.

Outcrop pattern = patróns de afloramiento.

Pinch-out = acuñamiento.

Pitch = cabeceo.

Planar structure = estructura planar.

Plunge = inmersión (en pliegues), inclinación o inmersión (en líneas).

Point defect = defecto puntual.

Pole figure = diagrama de polos.

Polygonization = poligonización.

Pore fluids = fluidos intersticiales.

    Pore pressure = presión intersticial.

Preferred orientation = orientación preferente.

Profile = perfil.

Projection = proyección.

  Equal area projection = proyección equiareal.

  Down plunge projection = proyección inmersión abajo.

Replacement = reemplazamiento.

Ridge = dorsal (oceánica).

Rift = fractura.

  Rifted regions = regiones fracturadas.

  Rifting = cuarteamiento, formación de rift.

Ripple = ripple, rizadura.

  Current ripple = rizadura de corriente.

  Oscillation ripple = rizaduras de oscilación.

Schist = esquisto.

Separation (on faults) = separación, salto.

  Dip separation = separación según el buzamiento o salto según el buzamiento.

  Strike separation = separación según la dirección o salto según la dirección.

Shale = pizarra arcillosa, argilita.

Shear = cizalla.

  Shear belt = cinturón de cizalla.

  Shear folding = plegamiento por cizalla, por esfuerzo cortante.

  Shear resistance = resistencia a la cizalla.

  Shear strength = coeficiente de resistencia a la cizalla, cohesión.

  Shear zone = zona de cizalla.

  Shearing = cizallamiento.

  Shearing-off = desgajamiento.

Sheet structure = estructura en lajas.

  Sheeting = lajamiento.

Shift = traslado (en pliegues de arrastre de falla).

Shuffles = arrastres de reordenamiento (en cristales).

Slate = pizarra.

  Slate belts = cinturones de pizarras.

  Slaty cleavage = exfoliación pizarrosa.

Slickenside = espejo de falla.

  Steps (on slickensides) = escalones.

Slip = salto (en fallas), deslizamiento (en otros casos).

Cross slip = deslizamiento cruzado.

Dip slip = salto vertical aparente o salto según buzamiento.

Slip folding = plegamiento o deslizamiento.

Net slip = salto real o salto neto.

Strike slip = salto horizontal lateral o salto según la dirección.

Stick slip = salto brusco.

Stereographic net = falsilla estereográfica.

Stereonet = estereofalsilla.

Strain = deformación, deformación interna.

Strain hardening = endurecimiento por deformación.

Strain history = historia deformacional.

Major principal axis of strain = eje principal mayor de deformación.

Strain path = curso de la deformación interna.

Plane strain = deformación plana, deformación planar.

Strain rate = velocidad de deformación.

Shear strain = deformación por cizalla.

Strain slip cleavage = exfoliación de deformación por deslizamiento.

Strain trajectories = trayectorias de deformación.

Strength = resistencia.

Stress = esfuerzo.

Effective stress = esfuerzo efectivo, esfuerzo eficaz.

Máximum principal stress = esfuerzo principal máximo.

Stress release = relajamiento del esfuerzo.

Uniaxial stress = esfuerzo uniaxial.

Stretch = estiramiento.

Strike = dirección de capa, dirección de plano, dirección.

Strike direction = dirección.

Strike line = línea de dirección (de capa, de plano).

Tectonic = tectónica.

Tension = tensión.

Texture = textura.

Thrust = cabalgamiento.

Trend = dirección de línea, dirección del eje (en pliegues), dirección.

Trend line = línea de dirección (de línea, de eje).

Trough = seno (en pliegues).

Trough line = línea de seno (en pliegues).

Unconformity = discordancia, discontinuidad sedimentaria.

Angular unconformity = discordancia angular, discontinuidad sedimentaria angular.

View = vista.

Down-dip view = vista buzamiento abajo (estratos).

Down-plunge view = vista inmersión abajo (eje de pliegues).

Down-structure view = vista estructura abajo.

Edge view = vista de canto.

End view = vista terminal.

Front view = vista frontal.

Normal view = vista normal.

Plane view = vista de plano.

9. BIBLIOGRAFÍA

Babín-Vich, R., & Gómez-Ortiz, D. (2010). Problemas de geología estructural. *Reduca (Geología).* *Serie Geología Estructural* , 2 (1), 1-192.

Baselga-Moreno, S. (2006). *Fundamentos de cartografía matemática.* Valencia: Universidad Politécnica de Valencia. Servicio de Publicaciones.

Fernández, F. (2008). *Proyección estereográfica.* Mieres: Universidad de Oviedo.

García-Cruz, J. (2006). La proyección estereográfica...sicut in caelo et in terra. *Revista Iberoamericana de educación matemática* (7), 3-21.

Hobbs, B., Means, W., & Williams, P. (1981). *Geología Estructural.* Barcelona: Ed. Omega.

Lisle, R., & Leyshon, P. (2004). *Stereographic projection techniques for geologist and civil engineers.* Cambridge: Cambridge University Press.

Mandelbaum, H., & Sanford, J. (1951). Table for computing thickness of strata measured in traverse or encountered in bore hole. *Geological Society of America Bulletin* , 55, 765-776.

Ragan, D. (1980). *Geología estructural. Introducción a las técnicas geométricas.* Barcelona: Omega, S.A.

Ramsay, J. (1977). *Plegamiento y fracturación de rocas.* Madrid: McGraw-Hill Book Company. Hermann Blume Ediciones.

Rosenfeld, B., & Sergeeva, N. (1977). *Proyección estereográfica.* Moscú: Editorial MIR.

Santamaría-Peña, J. (2000). *Apuntes de cartografía y proyecciones cartográficas.* Logroño: Universidad de la Rioja. Servicio de Publicaciones.

Secrist, M. (1941). Computing stratigraphic thickness. *American Journal Science* , 239, 417-420.

Tomás-Jover, R., Ferreiro-Prieto, I., Sentana-Gadea, I., & Díaz-Ivorra, M. (2002). Aplicaciones de la proyección estereográfica en ingeniería geológica. *XIV Congreso Internacional de Ingeniería Gráfica* , 10.

Printed in Great Britain
by Amazon

59750308R00088